普通高等教育"十二五"规划教材

数字艺术设计系列教材

SHUZI YISHU SHEJI XILIE JIAOCAI

二维动画美术前期设定

主　编　张晓叶

副主编　高思杨　苏皓男　彭　巍

中国水利水电出版社

www.waterpub.com.cn

内 容 提 要

二维动画美术前期设定是一个全新的理念，是一部优秀的二维动画片的灵魂所在，它决定了一部动画作品的艺术风格及审美品位。本书主要侧重讲解二维动画片的特殊重要环节——二维动画美术的前期设定，使读者了解二维动画片前期设定的目的、任务和具体方法。

本书详细介绍二维动画美术前期设定的整个过程及环节，对二维动画美术前期设定中涉及到的整体艺术风格、角色造型、服饰道具、场景气氛、表情及动态特征、特效造型等诸多方面作了较为系统、全面的阐述与讲解。既有系统的基础理论知识，又有大量经典创作案例，图文并茂，对研究和把握二维动画美术前期设定的各个环节、提高想象力和动手能力，具有较强的启迪和指导作用。

本书可以作为动画专业、影视制作专业及相关专业的教材，也可以作为动画从业人员进行二维动画的美术设计工作、绘景师工作、动画设计稿、动画分镜头和动画导演工作的参考书。

图书在版编目（CIP）数据

二维动画美术前期设定/张晓叶主编．—北京：
中国水利水电出版社，2011.2（2016.7重印）
普通高等教育"十二五"规划教材．数字艺术设计系列教材
ISBN 978 - 7 - 5084 - 8226 - 2

Ⅰ.①二… Ⅱ.①张… Ⅲ.①二维-动画-设计-高等学校-教材 Ⅳ.①TP391.41

中国版本图书馆 CIP 数据核字（2011）第 008148 号

书　　名	普通高等教育"十二五"规划教材 数字艺术设计系列教材 **二维动画美术前期设定**
作　　者	主编　张晓叶　副主编　高思杨　苏皓男　彭　巍
出版发行	中国水利水电出版社 （北京市海淀区玉渊潭南路 1 号 D 座　100038） 网址：www.waterpub.com.cn E - mail：sales@waterpub.com.cn 电话：（010）68367658（发行部）
经　　售	北京科水图书销售中心（零售） 电话：（010）88383994、63202643、68545874 全国各地新华书店和相关出版物销售网点
排　　版	北京零视点图文设计有限公司
印　　刷	北京鑫丰华彩印有限公司
规　　格	210mm×285mm　16 开本　12.5 印张　336 千字
版　　次	2011 年 2 月第 1 版　2016 年 7 月第 3 次印刷
印　　数	5001—7000 册
定　　价	**49.00 元**

数字艺术是计算机技术与传统艺术相结合的产物。随着计算机技术，尤其是计算机图像处理技术的发展，数字艺术这种新兴的艺术形式也得以飞速发展，其应用领域也越来越广泛。

"数字艺术设计"是以计算机及其相关技术飞速发展为背景孕育产生的交叉性专业方向，是科学与艺术的完美结合，具有很强的实用性与艺术性。本专业侧重培养学生在数字科技与艺术设计方面的整合能力，以及以用户体验为中心的创新设计能力。

本系列教材是中国水利水电出版社联合国家工业和信息化部中国电子视像行业协会中国数字艺术设计专家委员会，在推进中国数字艺术设计工程师专业技术资格认证的同时，面向高等院校、职业院校数字艺术设计领域推出的系统的、完整的大型系列教材。本系列教材目前涵盖的专业方向有：艺术设计、环境艺术设计、工业设计、动漫游戏、数码影视等。

本系列教材按艺术设计、动画、影视等专业的课程体系设置进行编写，并根据实际情况确定明确的培养目标，重构课程体系，改革教学方法，注重能力的培养，强调实践活动；教学思路明晰，结构科学合理，项目教学案例资料丰富，把创意表现与技术表现融为一体，使教学的系统性得到较为全面的展现；以案例教学的形式进行讲解与阐释，让读者形象、直观地了解数字艺术作品的创意设计与创作实践过程。

本系列教材努力在以下几个方面做出特色：

（1）紧密配合课程内容与课程体系改革和实验教学改革的要求。

（2）体现课程内容的基础性和系统性。

（3）内容通俗易懂，理论联系实际，使学生真正学到有用的知识。

（4）保证教材内容的先进性和实用性。

（5）重视教学资源的建设，提供多媒体教学课件和光盘资料。

希望本系列教材的编写与出版能够有力地推动数字艺术设计新课程体系的建立与发展，同时也能为数字艺术设计教育带来与时俱进的活力和生机。

参与本系列教材编写工作的都是具有多年一线教学实践经验的教师，很多教材是相关学校的"教改优质课程"和"精品课程"。在教材编写过程中，本着学术性、艺术性、示范性、实用性等多方面兼容的主旨，根据丰富的教学经验，广泛借鉴国内外相关资料，针对学习者的需求，多次征求专家的意见，对教材的编写进行了多次修改与完善。

很多人为本系列教材的编写做出了努力，付出了心血，在此一并表示感谢。由于到目前为止，一些专业方向仍然没有完善的教学体系与统一的教学大纲，加之新技术的发展速度很快，因此本系列教材一定会有各种不足与缺点，恳请使用教材的师生提出宝贵意见，以便再版时修订改进。

丛书编委会
2010年3月

前言 ▶▶▶

　　动画，这种艺术形式从诞生至今已有100多年的历史，而国内动画专业从无到有不过10年的时间，如何在短期内找出这门艺术的精髓所在并应用于动画教学中成为各个高校研究的焦点问题。从目前来看，国内各个高校对于动画专业的教学模式都不相同，但大多数都集中在动画技术这一环节上，课程的安排都是以如何制作动画、如何制作造型这类动画中期技术为主，而忽略了动画艺术中最重要的一环——动画美术前期设定。学生在学校所学的技能太过片面，从而导致整个动画产业中人才知识结构比例的失衡，这在一定程度上影响了我国的动画产业从技术加工型向原创型发展的进程。本书从动画前期设定讲起，对如何制作动画，动画片的定位，如何设计不同风格的动画等前期工作进行深入的讲解，使学生不但会制作动画，更会思考怎样制作适合中国动漫产业生产的动画，对动画这门专业从艺术的角度重新审视，重新思考，而不单单只停留在技术的层面。

　　本书通过图文并茂的形式对动画前期创作进行了系统的讲解，在相关概念以及教学实例中加入大量的图片与文字的分析，同时包括作者多年来的教学经验的总结，试图以一种全新的动画理念来启蒙学生对动画这门艺术多视角的理解。作者是通过近几年对高校动画教学及科研创作的经验总结和改革探索，并建立在现有条件下的动画教学及科研创作等工作基础上，撰写出目前较为成熟、新颖、具有前瞻性的一部动画前期设定教材。在撰写本书之前，作者已经在实际教学中和动画产业的实际制作中积累了大量的实践经验，这使得这本教材更加丰富、更加多元化。不单是从动画创作的前期设定进行讲解，而且延伸扩展到动画的中期甚至后期。通过这种多元化的讲解，更能调动学生的积极性，并且为培养出能真正掌握动画艺术的高端人才打下坚实的基础。同时也将产、学、研三者紧密结合起来，真正达到学有所用的目的。

　　本书由张晓叶任主编，高思杨、苏皓楠、彭巍任副主编。在本书的编写过程中，参与部分编写工作及图片、文字整理的人员有杨天恒、杨艳君、张文赫、王宇、李雪威、杨丽娟、刘明、张濛濛、张君萍等，在此表示感谢。本书的作者都是长期从事教学的一线教师。在本书编写过程中，参考了同类书籍和网上资料，书中所引用的作品、图片、影片截图在此只作为教学研讨之用，版权归原作者所有，同时向原作者为我国的艺术教育事业作出的贡献表示衷心的感谢。

　　由于作者水平有限，加之时间仓促，书中错误之处在所难免，敬请广大读者批评指正。

作者

2010年10月

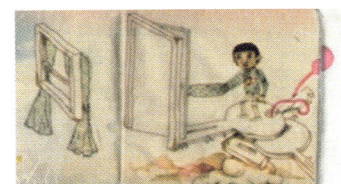

第1章
概述

1

主要内容：

● 通过对概念、意义、任务的具体讲解及阐述，使学生树立二维动画美术前期设定的整体观念，并明确地了解学习目的。

重点难点：

● 树立二维动画美术前期设定的整体观念是本章学习的重点，如何深入理解和掌握其任务是难点内容。

学习目标：

● 从概念和理论高度了解二维动画美术前期设定的意义，并认识到日后课程训练中的具体任务。

1.1　动画美术前期设定的概念及意义

二维动画美术前期创作直接反映了动画片的整体艺术风格、制作技术和未来影片画面的视觉效果。这在动画片创作过程中是非常重要的，是整部动画片成功与否的关键所在，是中期和后期制作的依据。没有动画美术前期设定，就无法进行动画片中期以及后期的制作，前期的创作优秀与否直接影响着成片的最终质量。动画美术前期设定是一项复杂而且重要的工作环节，作为一名动画美术前期设定者，首先要考虑的就是整体风格问题，无论是抽象风格还是写实风格，无论是传统还是现代，一旦风格确立后，就必须按照设计的思路展开所有的环节。这些环节包括分镜头台本的设计、角色的设计、背景的设计、特效的设计。二维动画的制作特点是手绘出一张张画面，所以在设定角色的时候一定要考虑到这一点，设计的角色风格是否适合原画的制作，特别是在转面和边缘线的问题上，一定要反复推敲。总的来说，二维动画美术前期设定是一项复杂的工作，它需要考虑的方面很多，要想做好二维动画美术前期设定，就必须要对整部动画片的制作流程了如指掌，而且在绘画风格和绘画技术上都要有自己独到的见解。

1.2　二维动画美术前期设定的任务

在动画片的前期美术设计阶段，美术设计者的主要任务是将自己脑海中对整部动画片的风格有一个明晰的概念，然后围绕着这个设计思路展开设定。在设定的最初阶段，可以尝试用确定好的风格将动画片中某个具有代表性的场景以概念设定图的方式描绘出来，并且将人物放入场景内，这一步的目的是找到人物风格和背景风格的统一，以便在接下来的工作中顺利地进行角色和背景的单独深入细化。在设定角色造型时，将角色的设定以多视角的转面图展示出来，并且配以表情和能体现角色性格的动态造型。在设定背景时，将整部动画片的世界观以大全景的景别方式交代出来，在这一基础上，可以选择画一系列动画片中不同位置的场景草图，并且将各个场景的特点着重交代出来。

1.2.1　定位艺术风格

风格是指"特色和个性"，强调的是艺术家创作的唯一性。风格就是流派，对于动画片的创作者来说他们的喜好和艺术思维习惯就是他们作品的风格，或者说是"动画片特有的视觉效果"。

动画片作为一门综合艺术，它包含了导演的风格、美术的风格、叙事的风格、音乐的风格等，这些元素相加在一起最终构筑成了整部作品的风格。在一部动画片的剧本确定之后，首先就要考虑用什么样的美术风格来表现故事情节，恰当的美术风格表现会提升整部动画片的最终效果。同时，音乐的风格也要和美术风格吻合，在视觉和听觉上达到完美的统一。负责美术设计的人员不仅要有扎实的造型基本功，更需要极高的艺术造诣，例如我国早期经典的动画片《大闹天宫》的美术设计就是由当时中央工艺美术学院张光宇教授担当的。由此可以看出，一部动画片的美术风格设计的品味高低直接决定了成片的优劣。

1.2.2　确定表现形式

动画片的风格不同，表现形式也不同，这些风格迥异的画面与美术前期设定者的设计是密不可分的。美术前期设定人员不仅凭借着画面做到风格不同，还要在角色的设定上找出新的特点，如何将角色的性格通过动态的画面展现出来，如何让角色的动作更具有代表性，这些都是二维动画美术前期设定人员需要考虑的问题。

1. 动作表现形式

动画片之所以被称之为动画，不仅是因为一张张静帧画面的连续播放，而是画面运动的一门艺术。画面又由场景和人物构成，单纯的播放这些静止的元素体现不出动画的真正含义。唯有在镜头中加入动作的描写，才能让这些造型富有生命力，让观者觉得他们是活生生的人物、动物。

不同的动作反映出不同的性格，每个人的动作都不相同，有的还有自己的习惯动作，这些都是表现人物性格的最有效方式。同样，每部动画片都有自己独特的故事内涵，运用独特的动作表现形式可以让人对这部动画片有更深刻的印象。例如有的动画片中，所有人都是蹦着走路，有的则是在说话时晃来晃去，所以使用不同的动作表现形式可以营造出不同风格的动画作品。

2. 镜头语言的表现形式

自从出现了"蒙太奇"的剪辑和组合方式，我们所看到的电影和动画片就不再觉得镜头语言千篇一律了。不同的动画片有着不同的镜头运用方式，一部镜头运用独特的动画片往往会让观众印象深刻，镜头用自己的语言将故事讲述给观众，这也是一部动画片的一种表现形式。例如动画片《无影人》从头到尾都不切镜头，完全是靠画面的图形变形和线条的变化来达到转换镜头的目的，如图

1-1所示。在分镜头设计中，可以尽量尝试用更新颖的镜头叙事方法来表现主题，在镜头设计中体现动画片的特点。

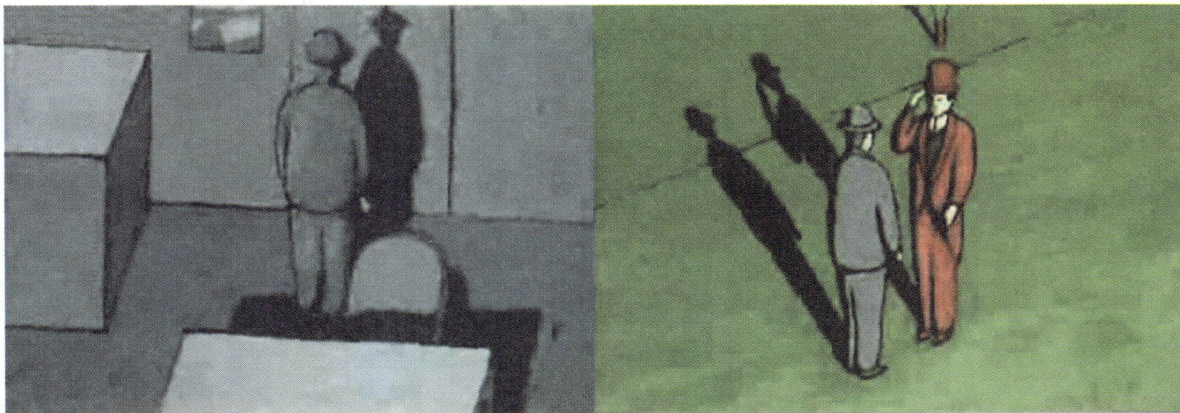

图1-1　动画片《无影人》　GDS工作室（法国）

1.2.3　确定制作技术手段

　　二维动画美术前期设定的风格在一定程度上确定了整部片子的制作技术和手段，动画片的制作方法已经不仅仅局限于传统的二维动画制作上，动画大师们运用了无数的新方法、新材料、新手段、新技术来创作动画。

1. 以油画为技术手段创作的动画片

　　2000年获得奥斯卡奖的动画片《老人与海》是由俄罗斯的动画大师亚历山大•佩特洛夫在玻璃上用油画定格拍摄完成的，油画和玻璃两种材质所展示出来的透明和鲜亮的艺术效果让人叹为观止，如图1-2所示。

图1-2　动画片《老人与海》　Aleksandr Petrov（俄罗斯）

2. 以版画为技术手段创作的动画片

　　获得奥斯卡动画短片提名的加拿大卡洛琳•丽芙的动画片《两姐妹》用现代版画手段创造了超现实的时空观念，如图1-3所示。

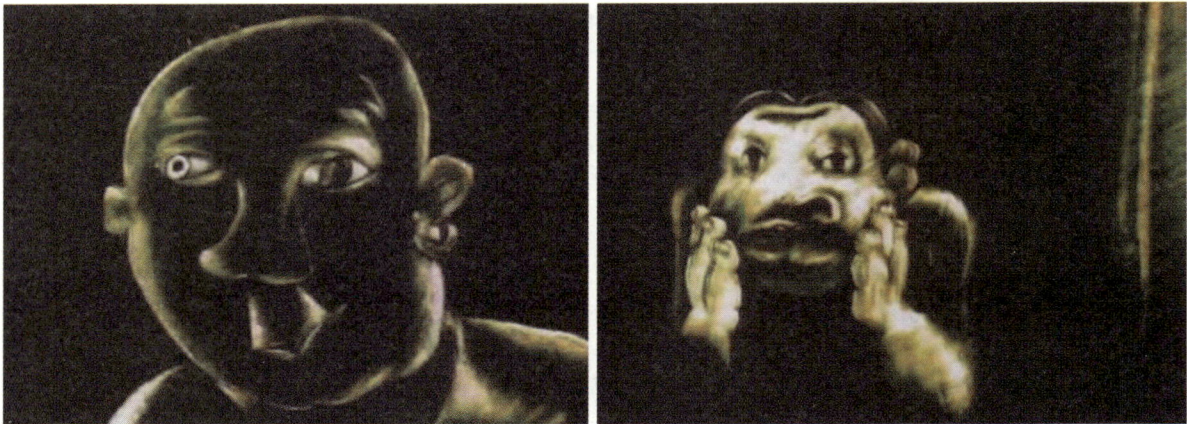

图1-3 动画片《两姐妹》 卡洛琳·丽芙（加拿大）

3. 以中国画为技术手段创作的动画片

中国在20世纪五六十年代创作的一系列水墨动画片在当时世界范围内引起了巨大的反响，代表作有《牧笛》、《山水情》等，如图1-4所示。它打破了动画片"单线平涂"的制作手段，采用中国画独有的水墨渲染，用浓淡和虚实的效果来描绘对象。没有边缘线，意境优美，气韵生动，获得众多国际大奖。

图1-4 水墨动画片《山水情》 上海美术电影制片厂（中国）

4. 以沙子为技术手段创作的动画片

匈牙利艺术家Ferenc Cako从1973年开始便尝试用泥土、沙子和废纸进行艺术创作，如图1-5所示，他独具一格的艺术创作和以此为载体的电影短片在此后的20年间荣获了各大电影奖项。从坎城最佳短片到柏林金熊奖，从旧金山金门奖到ANNECY的最佳短片奖，他的获奖足迹遍布全球。

5. 以黏土为技术手段创作的动画片

《小鸡快跑》和《超级无敌掌门狗》（见图1-6）都是英国Aardman公司推出的黏土系列动画短片。黏土动画主要以黏土类的软材料为塑造工具，采用逐帧拍摄的方式完成。

图1-5 Ferenc Cako在创作沙画

图1-6　黏土动画《超级无敌掌门狗》　Aardman公司（英国）

6. 以剪纸为技术手段创作的动画片

　　剪纸动画片是在借鉴传统民间剪纸艺术和皮影戏的基础上发展起来的一种美术片形式。它以剪纸为塑造造型的主要手段，以皮影戏的运动方式为表演参考，背景则由绘制的纸片及贴在玻璃板上的前、后景构成，玻璃板之间相隔一定的距离，以便分层布光。剪纸片在各个镜头中使用的剪纸造型都是按人物特点进行关节解剖，用专为人物各个部位所需而印染的彩色纸张进行绘制、镂刻、剪形，再用关节钉按解剖图装配连接，成为灵活自如而不失原形和特点的平面关节纸偶。拍摄的时候将做好的人物和背景粘贴在玻璃板上，用逐格摄影的方式将一个个动作摆拍下来，最后通过连续放映达到动画的效果。例如万氏兄弟于1959年拍摄的经典剪纸动画《渔童》，如图1-7所示。

图1-7　剪纸动画片《渔童》　万氏兄弟（中国）

7. 以真人或真实的物体为拍摄对象而制作的动画片

真人动画的拍摄方法有两种：一种是按照常规方法拍摄，之后再按照创作者或者导演的需要进行"抽帧"；另一种是以逐帧方式进行拍摄，制造机械式的运动，其实演员并不是那样移动，这两种方法拍摄的片子都非常具有动画感。例如加拿大动画大师诺曼•麦克拉伦的动画片《邻居》，就是采用"抽帧"方式拍摄的，如图1-8所示。

图1-8 动画片《邻居》 诺曼•麦克拉伦（加拿大）

8. 以计算机三维为技术手段创作的动画片

三维动画片完全是依靠计算机软件制作的，在计算机中制作出所需的人物及场景，然后调整动作，再依靠计算机软件的运算得到近乎真实的效果，这与传统意义上的动画片有了很大的不同。例如《苹果核战记》、《机器人瓦利》等，如图1-9和图1-10所示。

图1-9 动画片《苹果核战记》 吴宇森监制（日本）

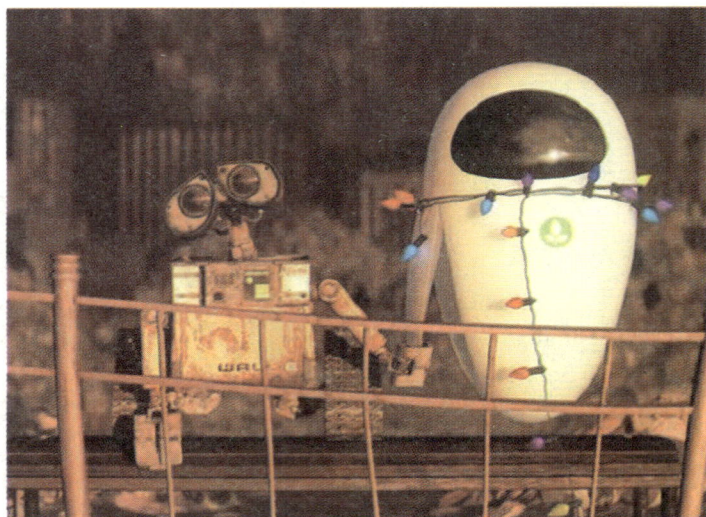

图1-10 动画片《机器人瓦利》 Pixar（美国）

本章小结

　　本章主要从概念以及定义上对二维动画美术前期设定进行了阐述，并且着重介绍了美术风格的具体分类，从制作技术手段以及画面风格设计两个方面来讲解二维动画美术前期设定的工作重心所在。

训练和课后研讨题

（一）训练题

试用不同种类的绘画材料进行创作，人物或者背景均可，每天画一张。

（二）课后研讨题

讨论用什么样的绘画材料制作动画片看起来会更有乐趣。

第2章
二维动画美术设定前期篇

2

主要内容:

● 对各类风格的二维动画美术前期设定的具体案例进行翔实的分析讲解,并对二维动画美术前期设定的准备阶段进行剖析。

重点难点:

● 对各类不同艺术风格的二维动画美术前期设定案例的理解是本章学习的重点,如何准确把握其风格是难点内容。

学习目标:

● 树立二维动画美术前期艺术风格的整体观念,并在今后的短片创作中有意识地追求自己的个人风格。

2.1 策划研究阶段

在动画影片的策划研究阶段,预示着一部动画影片制作的开始。在此阶段往往需要确定影片的制作方向与思想定位。策划研究阶段主要涵盖三个步骤,即影片的创意构思、剧本创作的具体内容以及导演阐述的确立。创意构思是决定影片是否新颖与奇特的决定性因素,需要主创人员具备丰富的想象力与独特的视角;剧本创作为整部动画影片制作的主要依据,同时代表了影片的价值取向与受众群体,其为动画影片制作的根本;导演阐述即为动画影片制作与实施的具体规划,是制作团队需要遵循的书面指南。

2.1.1 创意构思

创意即为打破常规、推陈出新的思维策略动画创作人员针对动画的风格、思想立意、表现手段等诸多方面进行的独特构思,可以具体到动画创作的每一个环节:独特的思想内涵,人性表达的独特视角,角色造型的标新立异,动作风格的独到之处和新的美学意境等。

优秀的创意构思需要主创人员具备丰富的想象力、开阔的视野以及独特的审美内涵,创意构思直接影响着影片对于观众的吸引力。创造性思维的运用也并非可以不加约束,一切创意均要以服务影片为宗旨,既要保证影片的叙事流畅,也要兼顾视觉与内容的和谐统一。

加拿大动画片《2D or not 2D》如图2-1所示。故事取材充满创意,故事的主人公来到了二维世界，他如何来适应二维世界的物理规则呢？影片的开始观众不禁要像主人公一样有很多疑惑，可是随着影片的缓缓展开，所有的疑团也逐渐得到揭晓，也许短片本身并非所有的元素都尽如人意，但是足够的悬念与独特的创意却能吸引观众坚持到影片的最后。一根线可以仅仅是一根线，变换了角度却可以是整个世界。

图2-1　动画短片《2D or not 2D》　Paul Driessen（加拿大）

动画短片《周而复始》以人类生活中的某些最平凡的小事为短片的切入点，但是立意却独到而深刻。整个短片没有华丽的背景，角色造型看起来稀松平常，甚至连故事情节也没有更加突出的表现。但是短片经由创作者严谨的构思，为观众揭示出深刻的生活本质。原以为短片中主人公们被打破了原有的生存环境，拥有新的生活状态以后就会戛然而止，作者却在这时为影片添加了一处点睛之笔：即使改变了环境与对象、适应了全新的心情，却依然没有逃出其固有模式，正如其名——周而复始，如图2-2所示。

图2-2　动画短片《周而复始》　Michaela Pavlátová（捷克）

2.1.2　剧本创作

动画剧本创作有异于常规的影视剧本。因为动画强调视听及运动效果，所以动画剧本应以动作和声音为元素，从视觉成像的角度来描写，从而体现内心情感。除具有常规影视剧本的基础性特点，即主题、结构、人物、主线、冲突、场景等诸多元素，动画剧本还具有高度的假定性。这就需要动画编剧拥有尤为大胆的想象力。剧本不单是动画片的思想核心，也是动画的拍摄基础。优秀的动画剧本从内容上讲可以感动和震撼人的心灵，启发人们思考亦或牵动情绪的转变。同时，它也为动画的中期制作生动地描绘出荧屏基础。

1. 文学剧本

剧本作为"一剧之本"，立足于内在思想，价值取决于主题。主题思想的确立对于影片的定位有着不可忽视的作用，它是整个影片的灵魂。它体现着动画影片的文化价值，并通过情节与画面潜移默化地影响着观众，满足其心理需求。

剧本主要源于原创与改编两种主要方式。

原创是剧本的重要来源，它需要作者敏锐地抓住稍纵即逝的灵感。多数实验短片均来自原创。动画短片《生之咏》将颜色赋予生命，通过颜色相互间的竞争来反映生命的轮回。整部短片没有对话和解说，而是完全运用音乐与画面来体现物种之间相互的冲突，在观众欣赏影片的同时渗透出剧本所传达的深刻道理，如图2-3所示。

图2-3　动画短片《生之咏》　东北师范大学美术学院动画系研究生工作室　杨田恒 杨艳君（中国）

改编是剧本创作的一种手段，由于改编作品大多具有成熟的故事结构以及受众群体，由此可以提高动画影片的成功几率。《狮子王》的灵感来自巨著《哈姆雷特》，它将复杂的情节高度简化与提炼，穿插很多轻松有趣的情节并围绕着辛巴的成长历程而缓缓展开，情节跌宕起伏、引人入胜，不失为改编类剧本创作中的经典之作，如图2-4所示。

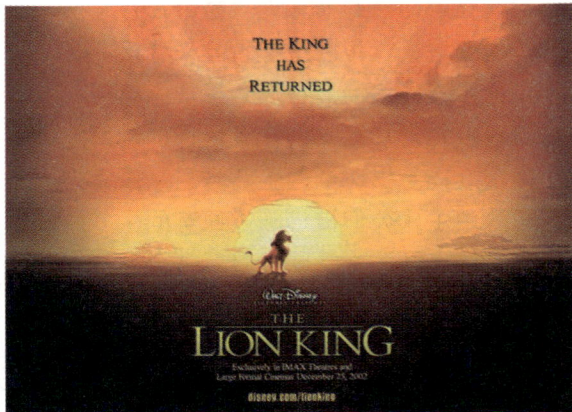

图2-4　动画片《狮子王》　Roger Allers /Rob Minkoff（美国）

2. 分镜头文学剧本

分镜头文学剧本以文学剧本为基础，结合蒙太奇思维方式以及背景设计为基础，以文字镜头为媒介将文学剧本转化为影片拍摄的画面蓝本。文字分镜头剧本需要明确地标注镜头移动、角色与空间的关系，活动的范围以及对白，动作讲解与持续时间、音乐等诸多因素。分镜头剧本是制作人员的操作指南，是指导画面分镜头设计以及整个动画片制作过程的重要依据。

2.1.3　导演阐述

动画导演是整个团队的领导者与组织者，其在动画制作之前对影片的各个方面进行整体定位与把握，并在动画影片制作过程中起到总揽全局的关键作用。动画导演要将一部动画片从设计构思到最终完成时所涉及到的一切，包括影片基调、美术设计、环境与角色关系、节奏把握、悬念设计、镜头组接与剪辑、配乐等诸多因素进行合理策划，为制作的顺利进行打下基础。导演对于影片的拍摄意图以及具体实施的规划与分析的书面表达形式即为动画导演阐述。团队在进行制作时，都要遵循导演阐述，同时导演可根据影片完成效果与进度进行更加完善的修改。

2.2 二维动画片整体艺术风格的确立

二维动画影片艺术风格的确立需要遵循前期创意构思的艺术走向，优秀的创意若配以与之不和谐的艺术风格则有降低艺术品位之嫌。艺术风格的确立有时亦可为创意构思的一部分，独特的风格必定可以提升观众的视觉注意力，为其带来新奇的视觉体验。大多情况下，整体艺术风格服务于创意，若影片创意范围定位于诙谐幽默，则艺术风格不宜过于刻板平实，而以夸张极端的艺术风格诠释温和人性化的创意构思显然也是不合时宜的。

2.2.1 写实风格类

写实动画类是以真实的画面背景或者人物形象进行提炼加工的艺术风格，是一种源于生活而高于生活的艺术化的美学动画。写实风格类的动画片侧重于叙事，人物造型与场景设计更加贴近生活。此类动画由于贴近人们的生活状态，往往给人亲切可信的感觉，拉近了影片与观众的心理距离，更易牵动观众的内心情感。写实类二维动画片一般具有以下特点：

（1）写实类动画片的背景充满浓厚的生活气息，绘制精细，特别注意细节的表现。在艺术形象上多强调客观写实效果，以动画手段再现作者想要表达的一种生活态度。

（2）写实风格类动画的动作处理一般会遵循真人的运动规律，造型多有结构性阴影，讲究画面透视与光影效果。注重角色的状态的细致表现。

（3）镜头更接近实拍的影视效果。人物的活动背景与所在的空间状态基本符合自然规律。大多具有某种时代气息。

《蒸汽男孩》的故事背景发生在19世纪的英国，影片大量参照了英国的建筑与景致，场景宏大而设计精细，建筑物的层次丰富，绘制非常贴近现实生活，包括植物的细节处理也真切如实。建筑内部木质地板的纹理清晰可见，投影的虚实关系处理自然，连宠物狗的品种在现实生活中都有据可循。影片中的角色设定遵从人物正常的比例关系，表情张弛有度，并未延续动画片特有的夸张手法，属于典型的写实风格。金属的管道与器械的质感表现得尤为充分，如图2-5所示。

图2-5 动画片《蒸汽男孩》 大友克洋（日本）

2.2.2 绘画风格类

绘画风格类的动画影片在艺术形式上类似于美学绘画。动画影片的构成元素为一张张绘画作品。较之传统动画制作难度较高，更为复杂，同时要求动画的制作者有着高超的绘画功底。此类动画制作周期一般较长，多见于实验性动画短片。

《老人与海》是一部在玻璃上绘制出来的油画风格的动画影片，在绘画类动画影片中堪称经典。几乎每一幅动画静帧都可称为一张令人叹为观止的全因素油画作品。动画作品颜色丰富，色调亮丽，光影处理细腻自然。大海的深邃广阔和富于变化的水中光影效果在油画的表现下得到近乎完美的诠释。绘画与动画的完美结合带给人们全新的视觉感受，如图2-6所示。

图2-6　动画短片《老人与海》　Aleksandr Petrov（俄罗斯）

《种树的牧羊人》全片大多以简练而准确的线条，以素描的方式勾勒出角色与其生活的环境。绘画意味极浓，虽为素描风格，但由于画面十分注重光影的效果以及大量的留白，为观众留下了深刻的写意印象，如图2-7所示。

图2-7　动画短片《种树的牧羊人》　Frédéric Back（加拿大）

2.2.3 符号风格类

代表某一种事物的标志性因素都可称为符号。动画影片中多运用线条或色彩、图形、光照等符号的运动来表现出影片所要传达的精神思想。

加拿大动画艺术家Norman.McLaren的实验动画《线与色即兴曲》展示了一个疯狂而奇妙的艺术世界。整个影片的演绎过程全部由线条、杂点以及绚丽的色彩呈现。影片的元素随着音乐的节奏弯曲、蹦跳，似乎在展示自身的生命力又似乎在向观众诉说着什么。这些富有生命力的符号与线条在作者的调动下与音乐相融合达到了彼此的和谐，为观众呈现出一种独特的视觉盛宴，如图2-8所示。

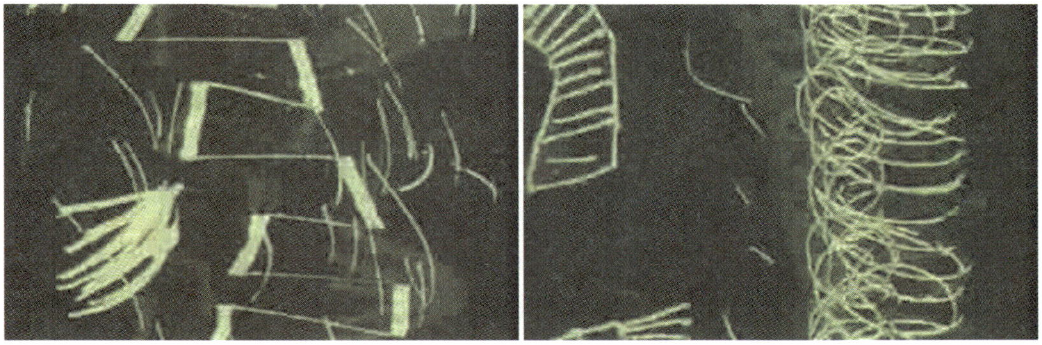

图2-8 动画短片《线与色即兴曲》 Norman.McLaren（加拿大）

2.2.4 装饰风格类

装饰风格类的动画片扩大了影片自身的艺术表现力，由高度提炼的装饰图形丰富了影片形象，改变了事物形态或者存在的方式，从而增强了视觉审美效果。它不追求物象的客观真实性，极其强调影片的成像效果。

《叽哩咕与女巫》色彩艳丽、运用夸张，装饰意味浓郁，具有鲜明的非洲装饰风格。影片的装饰风格主要体现在对背景与女巫的刻画上。背景构图考究，设计规整，同时多处大胆地运用了对比色调，画面绘制精致是影片的显著特点。女巫的服装与配饰也是本片装饰的一大亮点，大量的金色点缀在女巫的发间、颈部与腰围，凡是有女巫出现的场景被有意地弱化，从而使观众的注意力不被分散开来。影片中装饰元素的运用简繁辉映，相得益彰，既有效地避免了观众视觉审美疲劳，同时把握了构图的节奏，从而为观众营造出独特的视觉意境，如图2-9所示。

图2-9 动画片《叽哩咕与女巫》 Michel Ocelot（法国）

本章小结

　　二维动画的前期策划阶段对影片本身起着至关重要的作用。本章对二维动画影片制作的前期准备阶段进行了全面的阐述。主要针对影片整体风格特点进行着重分析，十分有益于读者对二维动画短片创作进行更深入的探讨和研究。本章列举部分优秀的影片进行了细致的讲解，有助于知识的理解与消化。经过本章的学习，结合相关的知识点多加实践，可以进一步提高自己的专业能力。

训练和课后研讨题

（一）训练题

1．运用创意将相同的故事设计出几种各具特色的动画影片小剧本。
2．选择一部自己感兴趣的影片完成一篇动画导演阐述。
3．分析一部实验短片中艺术风格的运用。
4．总结不同艺术风格在动画制作实际运用中的优缺点。

（二）课后研讨题

1．如何创造出独特的动画影片？
2．如何把握艺术风格与题材的融合？

第3章
二维角色造型设定基础篇

3

主要内容：

● 本章结合实例系统讲解角色造型的基础知识；系统阐述角色造型的含义，以及在动画片前期创作中的重要地位；形的基本要素、角色性格分类、角色的比例关系及特征、如何构思角色、角色的创作方法等，为学生提供全方位的讲解和实例教学，也为后续章节的学习奠定基础。

重点难点：

● 如何根据制片的预算及剧本的要求，来设定符合剧本要求的角色造型，角色造型设定中的常规透视比例关系及动作特征是本章学习的重点，如何深入理解和掌握是其难点内容。

学习目标：

● 在对本章的重点难点部分的概念和理论透彻理解掌握的基础上，进行这部分的阶段性草图绘制练习，为下一章的具体绘制阶段打好基础。

3.1 角色造型设定的基本要求

角色造型在二维美术前期设定中是最重要的一项设计工作，角色造型的设计不仅要符合整部动画片的风格，同时要符合角色本身的性格特点，在设计全片人物时，还要将主角和配角的层次分开等一系列相关问题。作为角色造型设计者，首先必须有扎实的造型能力，其次要了解原动画，这样设计出来的角色造型会更加合理，同时还要有深厚的艺术涵养，在面对各类不同风格的造型设定时游刃有余。在动画片美术前期设定中，角色设计的成功与失败直接关系到整部动画片的成败。

3.1.1 造型风格的把握

动画片的风格多种多样，商业动画的造型特点主要是为了迎合大众的审美，造型严谨、注重结构和透视是商业片的特点，也是制作商业动画片的必要因素。商业动画的制作流程是一条先进的工业化流水作业，环环相扣，紧密有序，人物和场景的设计必须严谨，这样在接下来的各个环节中制作人员才能继续制作，如果设计稍微有些漏洞，接下来制作上的每一个环节都会出现问题，这是不允许的。相比如此严谨、刻板的商业动画造型，艺术创作动画的造型就完全不同了。艺术创作动画的本身性质决定了它的艺术风格。艺术创作动画是为了探求动画艺术的新形式而存在的，所以打破常理、不拘一格、另类便成为它的独特风格。在画面表现上力求新颖、有创意。它提供给人的不仅仅是视觉上的冲击享受，更深层的意义是对动画技术以及对传统动画概念的突破创新。

1. 动画造型的主要风格

从动画艺术风格上来讲，主要分为两大类：一类是漫画风格造型，另一类是写实风格造型。

两类动画造型的艺术风格在定义和画面上有着明显的区别，但是造型都具有简洁，夸张、概括的艺术特征，都是为了能更方便地制作动画片这个前提来设计、创作的。只是写实类的造型在细节上要比漫画类的造型更考究和复杂，在比例上更接近于真实事物。

（1）漫画风格类型。漫画风格的动画造型在当今的影视动画作品中是最常见的，这源于它的造型特点——简洁，善于动作的表现。漫画风格适于营造轻松、甜美、快乐、富于幻想的主题动画。漫画风格的造型结构被提炼得非常抽象、概括，所以在动画制作上它的优势便体现出来了，它可以做出非常独特、夸张的运动规律，同时又不会让观者觉得不自然，相反，这种特性正好符合这类主题动画片的艺术风格。例如皮克斯在2009年推出的动画片《飞屋环游记》（如图3-1所示），Productionl.G制作的《落叶》（如图3-2所示），都完美地诠释了这类风格的特点。

图3-1　动画片《飞屋环游记》　皮克斯（美国）

图3-2　动画片《落叶》　Productionl.G（日本）

（2）写实风格类型。写实风格源于对真实世界的参考，在真实事物上加以概括、简化，最终提炼出符合动画制作规格的造型。写实类动画片的主要特点是画面充满真实感，人物比例更接近于正常比例的真人，背景也是按照严格的透视来呈现，特效方面更是力求接近真实。相比漫画风格造型，写实风格造型相对复杂，在动画制作上对时间、人力的要求也略高于前者。在动作的把握上，写实风格的动画片基本不会有特别强烈的夸张和形变，由于其特点的束缚，写实动画的动作更接近于真实，在绘制上对工作人员的造型和透视、比例都有很高的要求。例如日本当代写实代表典范《人狼》（如图3-3所示），迪斯尼公司于1999年推出的《人猿泰山》，都将当代的写实风格推向了一个新的高度。

图3-3　动画片《人狼》　Productionl.G（日本）

2. 艺术短片

比起主流动画，动画艺术短片有更广阔、更自由的个性发挥空间。它强调的是独立构思、设计、拍摄的情况下完成自己的作品，这类动画也更具有独立性和原创性。这些作品侧重表达作者的思想感情和内心世界,在题材上有些源于个人的自传回忆，有些是对世俗标准价值的批判，有些是对社会弊端的不满，还有些表现的是形形色色的现代艺术观点。这些短片最突出的一个特点就是短。因为短，所以它要求创作者不是把更多的精力放在讲故事上，而是试图在有限的时间内表达丰富的感情和复杂的思想。创作者把多年的艺术修养和创作经验带进短片的创作过程中，以高度概括的手法表现主题，以流畅的镜头来传递细腻的情感，以独特的构图和色彩构成勾勒出情绪的波动，用细节的处理完成对心灵的刻画。在很多时候，我们不是去看、去听，而是一种心灵的体验。

艺术短片的造型风格非常特别，它汇集了写实、抽象、装饰、特殊材料、特殊技法等风格，角色的造型也是如此，由于是实验性质的短片，所以在角色造型的设定上不会保守地采用已有的造型模式，而是大胆地在造型上进行探索，设计出具有艺术前瞻性的角色造型，如图3-4和图3-5所示。

图3-4 动画片《Spotting a Cow》 Paul driessen（加拿大）

图3-5 动画片《生之咏》 东北师范大学美术学院动画系研究生工作室 杨田恒 杨艳君（中国）

（1）加拿大艺术短片。同欧洲和美国相比，加拿大无论其电影还是动画的起步时间都要晚得多，在19世纪末和20世纪上半叶基本是一片空白。加拿大动画能够在美国的商业席卷和欧洲的艺术震慑两相夹击之下异军突起，并最终傲然天下是因为两个机构的成立：1939年加拿大国家电影局的创立和1941年该局旗下动画部的成立。

诺曼·麦克拉伦，如图3-6所示——加拿大国家电影局动画部的创建者，国际动画电影协会（ASIFA）公认的世界当代四大殿堂级动画大师之一。他是一位真正的动画艺术家，实验动画人。他一生拍摄了近60部动画短片，赢得147个国际动画大奖，带领加拿大电影局动画部创造了惊人的辉煌业绩。加拿大动画短片风格独特，如Paul driessen的作品便很好地诠释了加拿大动画短片的特点，如图3-7～图3-10所示。

图3-6　诺曼·麦克拉伦（加拿大）

图3-7　动画片《Home on the Rails》　Paul driessen（加拿大）

图3-8　动画片《THE STORY OF LITTLE JOHN BAILEY》
Paul driessen（加拿大）

图3-9　动画片《THE WRITER》　Paul driessen（加拿大）

图3-10　动画片《DAVID》　Paul driessen（加拿大）

（2）法国艺术短片。欧洲的艺术短片充满了艺术感，而最具代表性的便是法国的艺术短片。法国动画在经历第二次世界大战并最终幸存下来，大部分是电影广告的原因。

何内•拉路，法国动画大师，1929年出生于巴黎，在艺术学校学习绘画，毕业后从事广告工作。他从实习生就开始做实验动画，直到2004年3月14日辞世。他是1973年得到坎城影展金棕榈奖的殿堂级大师。他的作品充满了"艾美丽异想式"，善于表现超现实的奇幻故事，风格独树一帜，画风类似素描绘画，如图3-11《蜗牛惊魂记》、图3-12《时间掌握》、图3-13《死亡之时》所示。

图3-11　动画片《蜗牛惊魂记》　何内•拉路（法国）

图3-12　动画片《时间掌握》　何内·拉路（法国）

图3-13　动画片《死亡之时》　何内·拉路（法国）

（3）捷克艺术短片。捷克的动画片中，知名度最高的当属系列片《鼹鼠的故事》了。该片的核心创作者——泽耐克·米勒出生于1921年2月，在创作《鼹鼠的故事》之前一直从事艺术短片创作，1948年他曾因短片《偷走太阳的百万富翁》在当年的威尼斯电影节上获奖。

捷克的木偶动画所取得的成就要远远高于其他国家，这得益于该国悠长深厚的木偶剧历史。这一发源于波西米亚地区的国家，早在5个世纪前就出现了木偶剧院。从那时起，活动木偶制作的手艺便开始世代相传。但是捷克木偶

图3-14　动画片《猜谜与糖球》　伊里·特恩卡（捷克）

动画影片真正的起步是在1946年以后，杰出代表是伊里·特恩卡（Jiri Trnka)这位给捷克动画带来最高荣誉的艺术家，其作品如图3-14所示。

（4）中国艺术短片。自万氏兄弟开创了中国动画新纪元以来，中国动画经历了辉煌，也经历了低谷。新中国成立初期，以东北电影制片厂和上海电影制片厂美术片组为代表，创作了一系列风格别致的艺术短片，包括代表中国动画最高成就的《大闹天宫》，如图3-15所示。1957～1965年这8年时间，是中国动画初步繁荣的时期，总共出品了79部动画片。例如第一部单线平涂动画片《乌鸦为什么是黑的》，第一部民族风格动画作品《骄傲的将军》，木偶片《神笔》，水墨动画片《牧笛》等，如图3-16所示。

图3-15　动画片《大闹天宫》　上海美术电影制片厂（中国）

图3-16　中国经典动画片　上海美术电影制片厂（中国）

3.1.2　符合动画项目的资金及制作周期的要求

　　动画片的制作是一门严谨而科学的艺术创作，在制作流程上与电影的拍摄过程有很多相似的地方，但是，在具体的制作环节上又保持着动画独特的制作方式。动画片在项目启动之前，由制片人和投资商来商榷整部片子的费用，一经敲定，动画片前期的工作就开始步入进程了，导演带领前期的创作团队开始和制片方接洽，进一步商讨制作和资金的细节问题。

　　动画片主要分为商业动画和艺术创作动画。前者的制作流程严谨有序，工业化气息浓重，对资金和周期的把握要求很高。后者由于是艺术性的创作，大多是由个人或者较小的团队完成，创作目的也很单纯——探索动画的未知领域，寻求动画艺术的更高境界。这种艺术风格动画的制作过程都不尽相同，对资金和周期的把握也各不一样，甚至有些艺术短片的制作是个人独立完成，资金也是独立承担。

　　在这里主要借用商业片来讲解动画片的造型设计和资金及周期之间的关系。以美国的电影动画为例，一部成功的商业动画片，制作周期约为2～3年，耗资5000万～1亿美元，例如《功夫熊猫》，如图3-17所示，制作周期长达2年，制作成

图3-17　动画片《功夫熊猫》　梦工厂（美国）

本1.3亿美元，宣传成本1.25亿美元。相比之下，日本的动画电影耗资相对较少些，制作周期略长于美国动画电影，以近年来日本最豪华的商业动画片《蒸汽男孩》为例，如图3-18所示，其制作成本约为24亿日元（折合人民币1.81亿元左右），前后耗时长达9年。由此可以看出，资金和制作周期对动画片质量的影响。在资金和制作周期预算充足的情况下，前期设计人员便可以根据预算来把握造型的复杂程度，以便达到最理想的效果。

图3-18　动画片《蒸汽男孩》　大友克洋（日本）

从制作周期的长短来说，可以分为三大片种：影院动画、TV版动画、动画短片。

1. 影院动画

动画电影是目前耗资最多，周期最长的动画片类型，成片时间长短为90～120分钟。由于影院版动画投资巨大，制作周期长的特点，在前期造型设计中可以做到近乎完美的角色造型——复杂的造型以及细腻的动作。影院动画带给我们的恢宏磅礴的震撼源于其制作成本和制作周期的充足。在三种影片中，整体效果最好，多用于商业片，如图3-19～图3-22所示。

图3-19　动画片《机器人瓦利》　皮克斯（美国）

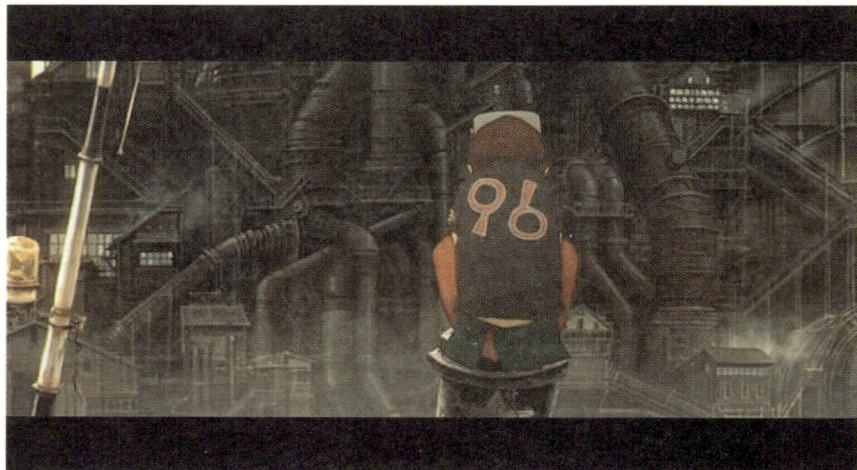

图3-20　动画片《恶童》　STUDIO4℃（日本）

图3-21 动画片《无皇刃谭》 BONES（日本）

图3-22 动画片《狮子王》 迪斯尼（美国）

2. TV版动画

　　TV版动画耗资相对动画电影较少，周期是三种影片中最短的，成片时间长短为20~40分钟。以日本动画为例，每周一集的制作速度是很常见的。但是短周期的制作特点也束缚了片子的整体质量。由于成本较低，制作周期较短，所以，在前期造型设计中就要充分考虑到这一制约因素，造型和动作在TV版动画片中只能取其一，例如日本TV版动画中多以复杂精致的人物造型为看点，动作则表现得很少，以精美的造型和声音优良的表现来弥补动作上的不足。欧美的TV版动画更注重动作的表演，造型则不够精美，靠动作和角色的表演来弥补相对简单的角色造型。在成片效果上，TV版动画片的艺术效果最低，但是却有着极高的商业价值。快速、高产、风险低、利润大是TV版动画片的优势。TV版动画是商业动画片最普遍的模式，如图3-23～图3-25所示。

图3-23 动画片《火影忍者》 岸本齐史（日本）

图3-24 动画片《海贼王》 尾田荣一郎（日本）

图3-25　美国TV版动画《辛普森一家》　20世纪福克斯电影公司（美国）

3. 动画艺术短片

动画短片不同于前两者。商业动画片面向大众，以票房盈利为目的。动画艺术短片则是另一个门类，它是一种对动画艺术的探索，有的作者甚至一生都在制作动画艺术短片，只为在艺术造诣上寻求更高的突破。动画艺术短片是动画产业的先驱，它用与众不同的思维方式、独特的表现手法来展现作者的想法、情绪，或者是一种态度。动画艺术短片的制作周期也因人而异，有的短片只需要短短几个月就可以制作完成，有的需要1～2年。成片的时间是5～20分钟。国内院校学生的动画短片创作周期为半年左右，经典动画短片《老人与海》历时2年创作完成，如图3-26所示。

图3-26　动画片《老人与海》　佩特洛夫（俄罗斯）

3.1.3　符合动画制作技术的要求

动画片的创作是一项严谨的、科学的综合性的视觉艺术。它用电影的语言，连续的单幅图画，专业的配音演员，交响乐般的背景音乐，以及新媒体的后期特效技术，把构建在幻想中的剧情完美地呈现给观者，使人感受动画带来的魅力。面对如此庞杂的制作过程，每一个环节都变得独立而又相互联系。在动画前期的造型设计中，设计师不仅仅要设计造型，还要考虑到设计出的造型在之后的制作环节中是否可以应用。设计出来的最终造型不仅要符合角色，还要符合中后期的制作规格。在结构和形态上，要交待得科学严谨，并给出动态造型，以便在接下来的原画、动画制作中供制作人员参考。

每部片子的资金预算和周期都不相同，所以造型设计人员在前期设计角色造型的时候要根据这一点来把握造型。复杂的造型势必就需要更为精确的绘制，以及更长的制作周期和更多的人力来完成。而简单概括的造型绘制起来则相对简单，制作周期和人力也可大幅缩减，从而节省了制作成本。

动画造型设计对动画片的质量也有一定的影响。例如迪斯尼的《猫和老鼠》这样的片子，需要设计能力很强的原画师来担当制作，简洁的人物造型是为了配合难度很大的动作设计。这样，原画师才会把更多的精力放在动作的设计上，让动画角色的表演更加细腻。这样在减小造型难度后，提升了动作的质量，又保证了成片的质量和规定的周期。同理，在成片质量和制作周期不变的前提下，如果将人物造型复杂化后，那么动作势必就要打些折扣了。

写实类型的动画片耗资和周期都相对较长，在这一前提下，造型设计可以相对复杂，力求达到写实的效果。设计造型时通常会参考真人比例以及真人的表情来设计，这样设计出来的造型更为精准，不仅符合写实动画的定义，也更具说服

图3-27　动画片《鬼武者3》　CAPCOM（日本）

力。动作设计上为了更加真实，也会由专门的演员来表演，并用摄像机拍摄下来，供原画参考。例如日本动画中就经常采取这样的做法，如《攻壳机动队》、《蒸汽男孩》、《千年女优》等。游戏《鬼武者3》的一段CG动画中由于涉及到许多打斗场面，制作方特地邀请甄子丹来指导武术动作，并且用真人拍摄的方法将动作真实地还原到游戏中，如图3-27和图3-28所示。

漫画类型的动画片制作周期相对较短，所以造型力求简洁、概括。造型设计师往往会参照角色的性格来找演员模仿角色，然后将演员的神态，表情一一记录下来，并且提炼成漫画形象，这样设计出来的角色在原画表演时会更贴切角色本身的性格特点。这类造型设计一般常用简单的几何形体组合而成，再适当地配以分色线。这样，在原画绘制的时候，不仅造型容易把握，动作也很好掌握，可以做出强烈的挤压、变形等夸张的表演效果，减少了整片的制作周期和制作成本。

所以，在设计动画角色造型的时候，首先要考虑到该片所有关系到造型方面的制约因素，然后按照片子的风格制作出符合该片的角色造型。

图3-28　动画片《蒸汽男孩》　大友克洋（日本）

3.2 角色造型设计的基本手法

3.2.1 夸张变形

1. 形体的夸张

夸张变形是一种常见于角色造型设计中的艺术表现手法。其主要功能在于强化视觉效果，增添角色造型的艺术感染力。夸张是艺术表现的一种手法。变形既是艺术手法，也是直观的艺术效果。角色造型设计的基本特征是高度的夸张、变形，在客观事实的基础上进行主观概括与提炼，强调并扩展其形象特征，对角色进行拟人化处理，从而呈现出富有艺术魅力与独特情感的动画角色。合理地将夸张与变形运用到动画的造型设计中，往往能带给人们生动有趣、新鲜奇特的视觉感受。夸张的角色造型配以符合影片风格的夸张动作、表情，无疑将大大增添影片的艺术魅力。

（1）整体夸张。作品《男人的独白》、《自私者》风格独特，角色造型极具张力。其造型有意将身体拉长并缩小角色头部，这种表现方法恰好突出了头与身体的强烈对比。简化的角色五官配以概括性头发、眼睛大小不一等诸多形体上的夸张以及有意弱化的人体结构都带给观众新鲜独特的视觉效果。角色面部夸大了鼻子或者眼睛的特殊处理方式，使其极大地区别于其他动画角色，夸张与变形的合理运用，使这两部短片轻松地抓住了鲜明的记忆点，在众多艺术短片中脱颖而出，如图3-29和图3-30所示。

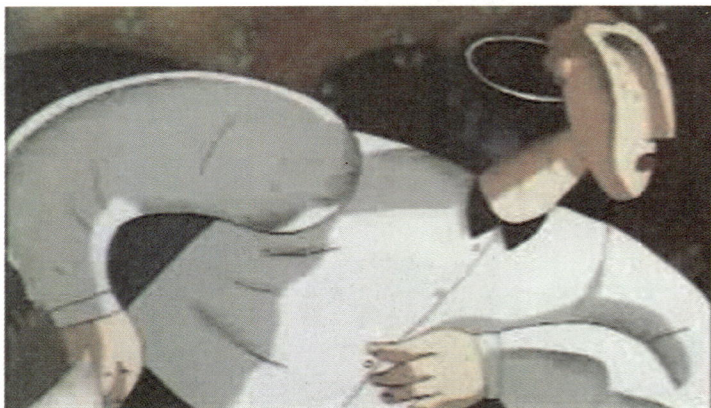

图3-29　动画短片《男人的独白》　疯影动画工作室（法国）

（2）局部夸张。夸张变形并非只有一种运用方式，将其运用在角色造型的局部处理上，同样会收到特别效果。作品《窗》、《一天》人物造型进行了局部的夸张变形。《窗》造型夸张于角色硕大的头和高高撅起的嘴，这种处理方式将观众的注意力完全吸引在角色的面部表情上，将角色的心理在造型上表现得夸张到极致，十分准确传达了短片重点表达角色心理情感的主要目的。作品《一天》将李小龙的眉毛和刚毅的下巴进行了局部的夸张，尺度拿捏得当，在保留角色造型的基础上，极大地增添了短片的趣味性。这两部动画短片如图3-31和图3-32所示。

图3-30　动画短片《自私者》　疯影动画工作室（法国）

图3-31　动画短片《窗》　马士超（中国）

图3-32　动画短片《一天》　常冬冬（中国）

2.　动作的夸张在形体中的变化

　　动画片角色的夸张特点很多时候体现在动作上，当物体产生夸张的运动时势必会发生形体上的变化，所以动画片中形体与动作是分不开的。在进行角色创作时一定要考虑到角色的动作，结合形体与动作对角色进行合理的夸张化处理。对于夸张的程度，要根据整体动画片的风格来决定，角色的夸张程度要以符合动画片整体风格的需要为基本，同时要考虑广大观众的审美心理需求。夸张与变形的目的是为了深化和升华角色的内涵，使设计者和观赏者在视觉感受和艺术审美的心理上得到最大满足。

3.2.2　简化和整体

　　简约的造型语言所传达给观众的视觉感受更为直接、精炼。简化必须建立在对角色性格塑造的精确把握上。有利于角色个性塑造的形体特征要提炼并加以强化，突出其视觉特点。次要特征及繁琐的细节要进行综合、简化，使整体形象清晰明了、鲜明简洁。也就是说，在动画角色的设定中，角色的设计者将繁复的生活原型，用简练概括的表现手段进行再创造，同时要求对角色造型的内涵进行很好的把握。简化并不是单纯意义上将角色简单化，而是将精彩的部分进行提炼，使角色更精彩，这样的简化处理后角色才是鲜活的，有生命力的。好的造型设计不但清晰明了、特点鲜明，同时具有启发人的内涵效应。

整体是简化处理之后得到的造型，而对于造型设计的简化处理，必须遵循于动画造型的整体特征。整体对角色风格具有导向作用，并且直接影响角色的性格特征。整体也是动画角色最终效果在视觉传达上的直观感受。动画片《蚊子》的角色造型简洁概括，作者有意将结构特征弱化，转而注重角色的整体外形特征。两只眼睛占据了头部的全部位置，身体和四肢忽略结构，再加上简化到极致的翅膀，构成了这个简洁的蚊子形象。虽

图3-33　动画片《蚊子》　彭勃（中国）

然各个部分的处理非常简单，却准确地抓住了蚊子的外形特征。此外，作者巧妙地运用色调统一造型，忽略光影，更加增强了角色的整体感，如图3-33所示。

作品《The Cat Came Back》以简约轻松的线条勾勒出生动鲜明的人物形象，同样运用了弱化结构的处理方式，特别是耳朵和头发的处理，简单明了且特征性很强，使形象更具幽默感，抛去繁缛的装饰，集中了观众的注意力，令角色自身的特点更加深入人心，如图3-34所示。

动画片《父与女》中的造型简化手段较特殊，作者将人物的结构统一在光影之中，在造型上注重整体效果，头、手、脚没有具体的细节，完全概括化的处理方式源于故事情节与艺术风格的需要。全片没有出现过人物的特写镜头，这也是采用这种处理手法的原因之一，如图3-35所示。

图3-34　动画片《The Cat Came Back》　Cordell Barker（加拿大）

图3-35 动画片《父与女》 Michael Dudok de Wit（英国/比利时/荷兰）

3.2.3 剪影效果

　　动画角色在运动过程中，细节往往不会造成明确的视觉印象，而角色造型的鲜明轮廓极具形象表现力，因此注重整体轮廓的特征尤为重要。优秀的角色造型必定有一个特征鲜明的轮廓，角色动作的好坏亦是离不开剪影效果。检验动画造型设计是否经典，剪影是评判标准之一。

　　动画片《蚊子》单凭轮廓，就可以清晰分辨出它们各自的体貌特征，通过彼此外轮廓之间的变化对比，强化了角色各自的特点，忽略了细节之后仍不减角色本身的趣味性，如图3-36所示。《王子与公主》轮廓清晰、概括性强，造型准确优雅、精致浪漫。角色轮廓的花纹，为观众留下了无尽的想象空间，如图3-37所示。

图3-36 动画片《蚊子》 彭勃（中国）

图3-37 动画片《王子与公主》 Michel Ocelot（法国）

3.2.4　拟人化

不同题材的动画作品均以表现人类情感与思想为中心。动画造型设计的目的，就是要赋予动画角色以感染力和生命力。拟人化是动画造型的重要特征，具有鲜明性格特点的动画角色可以生动准确地传达出作者的创作意图。在拟人化的角色设计中，动画角色被赋予性格、心理以及言行举止等诸多特点。这要求设计师拥有良好的造型能力、丰富的想象力以及细心观察生活的习惯。

拟人化的角色造型通常有以下特点。

1.　形态拟人化

将动画角色的造型与人类身体结构相结合，使其具有人类的形态以及角色的自身特征。如《Winner Every Child》中的"黑狗"整体造型是直立的人的形态，但头与身体依然具有狗的特征，创造出以狗为原型的人物化卡通形象，如图3-38所示。

2.　服饰拟人化

动画角色穿衣戴帽是拟人化的表现手法之一，并且常常配以道具和饰品，使其更加贴近生活。动画片《King's Sandwich》中猫与羊都身着精致的服饰，

图3-38　动画片《Winner Every Child》　Eugene Fedorenko（加拿大）

身着花边裙，手戴白手套，配以粉色的蝴蝶领结，全然一副人类装束，拟人化特点十分突出，如图3-39所示。《The tale of how》中的角色身着华服，配以王冠，地位彰显无疑，如图3-40所示。

图3-39　动画片《King's Sandwich》　Andrei Khrjanovsky（俄罗斯）

图3-40　动画片《The tale of how》　Ree Treweek（南非）

3.　动作拟人化

动作拟人化的角色具有人类的表情、动作以及行为习惯。动画片《美女与野兽》中餐具器皿保留其形态特征，将表情与动作做了拟人化处理，呈现出鲜明的性格特点。《Tarzan》中小狒狒自恋的

神情，十分传神地突出了人类特点，如图3-41所示。

3.2.5 幽默感

　　动画自诞生之时，便以其突出的娱乐性迅速地发展起来，迄今百年动画史中随处可见轻松诙谐的幽默情节。而动画艺术形象的幽默造型为影片增添了其他艺术形式无可取代的重要价值。

　　幽默感是动画造型设计的精髓与灵魂。不同种类的幽默适用于不同题材的动画制作需

图3-41　动画片《Tarzan》　迪斯尼（美国）

求，如冷幽默、黑色幽默、奔放式幽默和含蓄式幽默以及讽刺性幽默。不同的幽默为动画设计的表达效果提供了多种可能。动画中的幽默感除了体现在造型本身的趣味性上，大多通过角色的动作、表情的设计来体现。

　　造型的幽默感，要求在角色设定中赋予角色幽默性的元素，目的是满足观众的视觉心理，吸引观者的注意力。幽默造型的动画片大多建立在娱乐的基础上，幽默的造型、动作、情节是这类动画片的灵魂，而造型是基础，没有幽默感的造型便没有后两者的发挥空间。设计具有幽默感的动画角色需要有生活经验积累以及丰富的知识等多方面的要求。充分发挥动画语言的表现力，发挥人的主观创造力，使平淡无奇的生活原型纯化为屏幕中生动的舞台角色，这就需要作者认真观察生活、体验生活。对生活细致的观察，可以帮助作者挖掘出具有幽默感的动画素材。一切艺术语言的表达都源于现实生活。将点滴事件积累并汇集在脑海中，进行一次次的艺术加工和提炼，那些经典的、百看不厌的幽默形象就是这样诞生的。

　　系列动画片《乌龙院》仅凭造型间高矮胖瘦的对比就颇具幽默意味。师徒形象差异强烈，胖师傅谐趣睿智、长眉机敏荒诞、大师兄鲁莽出位、小师弟稚拙可爱。夸张的漫画动作语言的运用，更为其增添了喜剧效果。动画短片《Badgered》中造型憨厚可爱，表情夸张幽默，乌鸦张大的嘴与掉毛之后的形象喜感十足。《Croak x Croak》中獾小耳朵小眼睛与长脸形成鲜明对比，作者将简单的造型赋予丰富的情感，使角色诙谐生动，趣味盎然。《The lion King》主要通过夸张的表情来体现幽默。动画效果如图3-42～图3-44所示。

图3-42　系列动画片《乌龙院》　敖幼祥（中国）

图3-43 动画短片《Badgered》 Sharon Colman（英国）

图3-44 动画片《The lion King》 迪斯尼（美国）

3.2.6 角色造型的个性与角色组合的统一

　　角色造型的个性与角色组合的统一，即单个角色与片中其他角色的视觉协调性。影片制作过程中少有单一角色，这就要求设计者在角色设定的过程中，注意角色主次的层次关系，及角色间的衬托与呼应。为了增强角色在屏幕上组合后的戏剧性效果，必然要将各个角色首先从外部特征上差别开，既要把握全片造型的风格统一又要把握个体角色的独有特性。

　　迪斯尼经典动画片《美女与野兽》，女主人公是一个性格开朗、善良、独立又勇敢的少女，因此，角色设计要符合她的上述性格特征。比如，服饰的设计上，以干净、清新的颜色为主，体现了角色优雅的气质。王子身份的野兽形象与温文尔雅的公主造型形成对比，王子是被施了魔法变为野兽的人，所以他的形象既要具备野兽的特征，如獠牙、长角、毛发、强健的体魄，又要具备人类细腻的情感。王子的形象不仅衬托了公主的温柔美丽，其同样也被公主反衬。利用造型间的反衬来强化影片的主要矛盾，而表现手法则遵从整个影片基调，进而不失整部动画片的和谐，如图3-45所示。

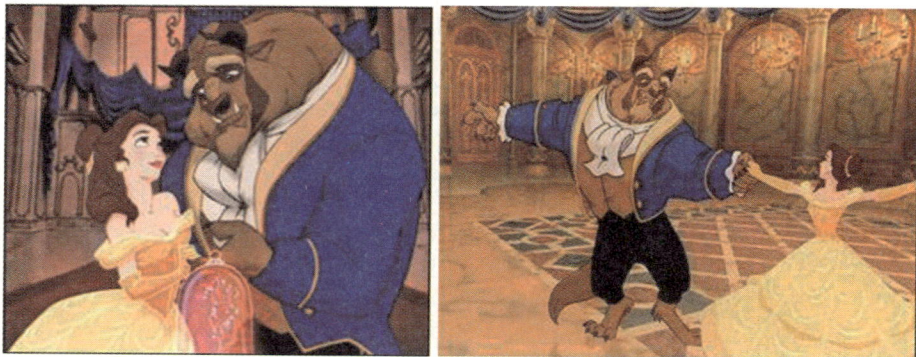

图3-45 动画片《美女与野兽》 迪斯尼（美国）

3.3 角色的性格分类

　　动画片中角色的性格各不相同，要将角色的性格把握准确，并且设计出符合角色性格的造型是一件很困难的事情。在根据用文字描述的角色性格设计角色造型时，为了更准确、更快速地抓住角色的性格特点，我们将角色的性格进行了系统的分类。角色的性格大致可以分为以下几种类型：甜美可爱型、高大英雄型、内向孤独型、事业成功型、狡黠圆滑型、反面角色型、沮丧失败型、魅力野性型。

3.3.1　甜美可爱型

　　甜美可爱型通常都是低龄儿童的造型，聪明、机智、逗人喜爱。这类造型通常是片中的主角。造型形象为大脑袋，大额头，大而有神的眼睛，鼓鼓的腮，圆滚的肚子，胖腿小脚。在艺术短片中，可爱的形象多是局部的夸张变形并带有黑色幽默似的滑稽，如图3-46～图3-48所示。

图3-46　动画片《小熊维尼》　迪斯尼（美国）

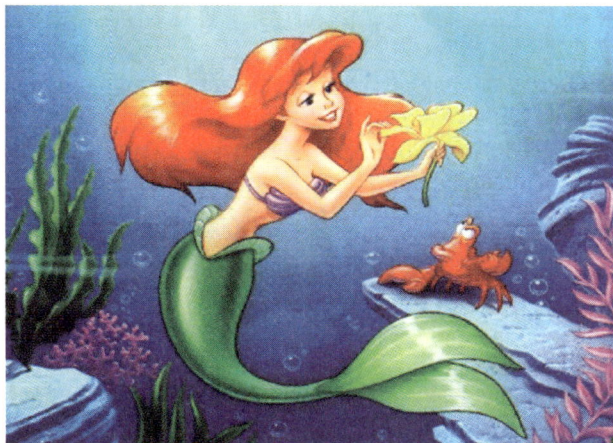

图3-47　动画片《小美人鱼》　迪斯尼（美国）

图3-48　动画片《小鹿斑比》　迪斯尼（美国）

3.3.2　高大英雄型

　　高大英雄型往往也是片中的主角，故事情节主要由他们来表演。他们不停地排除戏剧性的障碍，化解险情，解决问题，个性坚韧，富有魅力，智勇双全。在情节发展到高潮时，用钢铁一般的意志和非常出色的行动战胜对手，他们都是正义的化身。造型特征往往面部结构分明，宽下巴，身材健硕协调，发型整洁协调，如图3-49和图3-50所示。

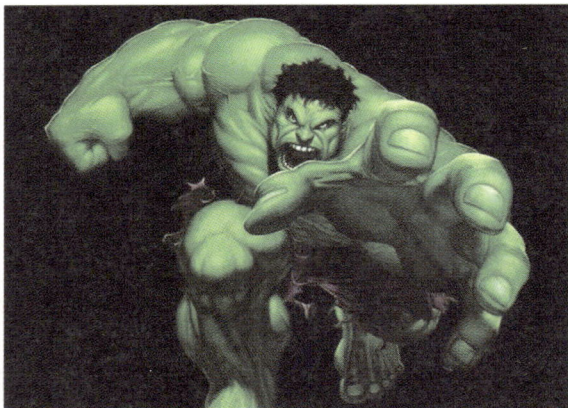

图3-49　动画片《绿巨人》　marvel（美国）

图3-50　动画片《罗京海盗》　Stefan Fjeldmark（法国）

3.3.3　内向孤独型

　　内向孤独型角色大多性格比较内敛，不爱说话，因为不喜欢说话，所以很容易让人误会。也有许多角色性格孤僻但意志力坚定，有耐力，坚持原则。造型特征往往俊朗冷酷，头部下垂，嘴唇紧闭，发型飘逸，着装宽松，双手插兜，如图3-51和图3-52所示。

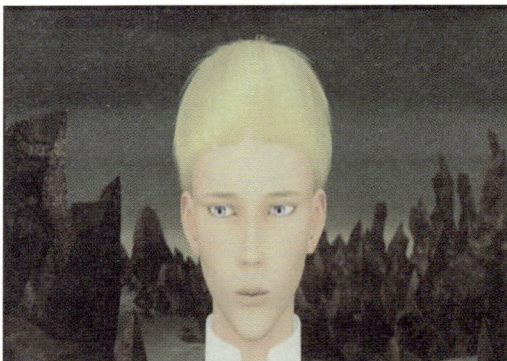

图3-51　动画片《一千零二夜》　Azur et Asmar（法国）

图3-52　动画片《深海》　Miguelanxo Prado（西班牙）

3.3.4　事业成功型

事业成功型角色在影片中大多作为儿童的父母、师长、榜样、长辈等身份出现，在故事发展中起到角色转承和对比的作用。事业成功型角色大多言行规范，着装得体，气质独特，造型上多是以正装为主，佩戴眼镜、怀表等饰物，表情严肃，做事认真，如图3-53所示。

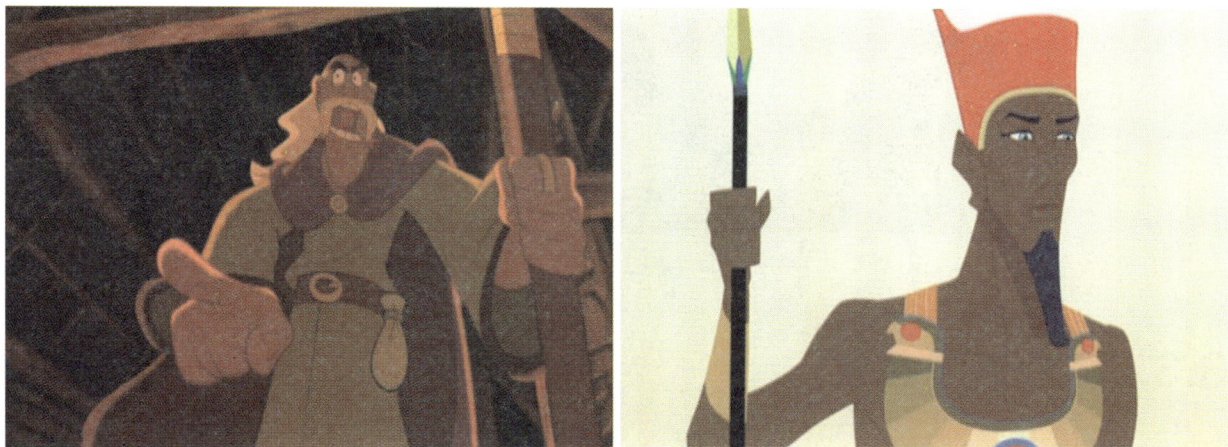

图3-53　动画片《太阳公主》（1）　Philippe Leclerc（法国）

3.3.5　狡黠圆滑型

这类角色在片中都是机灵鬼、滑稽人物。他们是主角或者反角的小跟班。情节中噱头后果的接受者，总是受到命运的捉弄。他们的心理状态顽皮、滑稽、执着，但是由于能力问题，始终不能完整地做好一件事情。外形特征一般是略长而不太大的头部，细细的脖子，低前额，夸张的容貌及面部表情，梨形的身体，小而细的腿，大脚，如图3-54和图3-55所示。

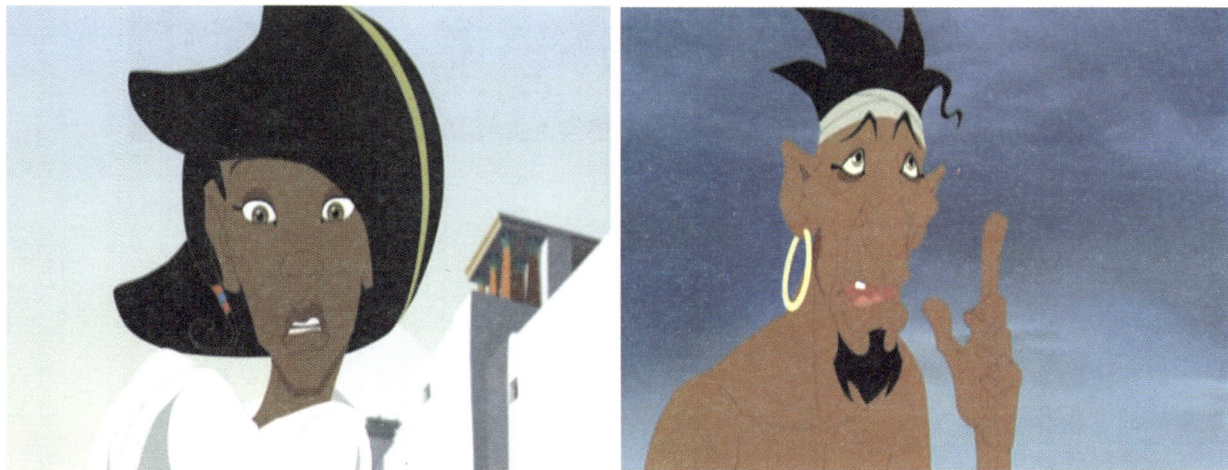

图3-54　动画片《太阳公主》（2）　Philippe Leclerc（法国）

图3-55　动画片《罗京海盗》（1）　Stefan Fjeldmark（法国）

3.3.6　反面角色型

反面角色型角色在片中的分量和主要角色相当，也是重要的角色。他们往往是情节发展的主要推动者，他们不断地设置障碍，出难题，把剧情推向高潮，直到最后问题得到解决。反面角色造型一般有偏大的头部，有时会设定小前额大下巴，眼神凶狠、神秘，面部有时候会带着坏笑，粗而短的脖子，有时候甚至因短而感觉没有脖子，肩膀宽厚臃肿，身躯庞大，上肢粗长，往往长有体毛，大手细腿，如图3-56所示。

图3-56　动画片《罗京海盗》（2）　Stefan Fjeldmark（法国）

3.3.7　沮丧失败型

沮丧失败型角色总是显得萎靡不振，头脑简单，在影片中通常受到愚弄，死板、笨拙和平庸，是英雄的配角和跟班，或者是英雄不堪一击的对手。外部特征一般是头部较小、向前耸拉，头发凌乱，瞌睡眼无精打采，大鼻子，嘴的位置偏下，兔牙，完全没有下巴，细长的脖子，削肩膀，胸部凹陷，大肚子，腿部松垮而裤裆低，长而下垂的双臂，耸拉着两只大手，笨拙的大脚，如图3-57～图3-59所示。

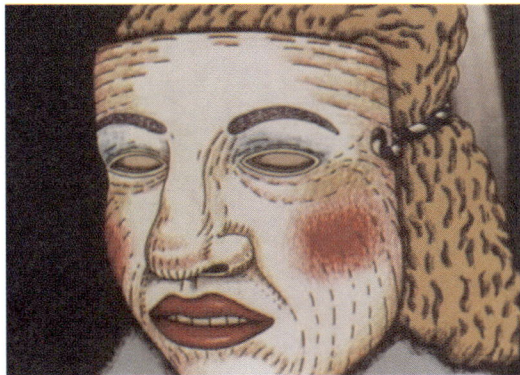

图3-57 动画片《芦笋》 苏珊·皮特（美国）

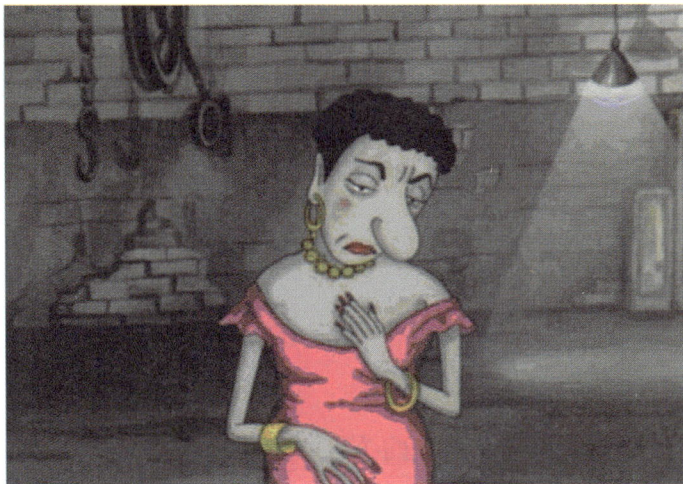

图3-58 动画片《医生》 苏珊·皮特（美国）

图3-59 动画片《JOY STREET》 苏珊·皮特（美国）

3.3.8 魅力野性型

魅力野性型角色既有正面角色也有反面角色，大多是另类的、不同寻常的角色，或是超凡脱俗的公主，或是魑魅魍魉的精灵，亦或是光怪陆离的抽象物体，强调妖艳、力量等要素。造型特征一般都采用绚丽的颜色进行搭配，形体比例多根据表达的内容局部夸张，线条优美，肌肉发达，衣衫飘逸，如图3-60所示。

图3-60　人物设定　杨伟林（中国）

3.4　角色造型设定中的常规透视关系及动作特征

　　动画片的严谨性不仅体现在制作流程上，而且在每一张画面上都会显现出来。透视和比例及动作特征在每一单张的画面中都显得尤为重要。在一张画面里，人与景的透视必须一致，比例也要恰当地反映出空间关系，人物或者动物的动作特征也要体现出他们的性格特点。但是在一些艺术短片中，作者为了达到一种特殊的艺术效果，往往会扭曲透视和比例，采用装饰风格的艺术表现手法来达到一种特殊的艺术效果。

3.4.1　动画造型设计中的透视

　　在动画中，透视是构筑画面的根基。在画面中，地平线的位置决定了透视的类型。地平线在画面上方则为俯视，地平线在画面正中则为平视，地平线在画面下方则为仰视。同一人物在不同的透视中造型也会发生变化。平视时，头部的比例为三庭五眼。俯视时，人物的头略大，身体略小，鼻子到下巴的距离缩短，鼻子到眉骨的距离拉长。仰视时，身体略大，头部略小，鼻子到下巴的距离拉长，鼻子到眉骨的距离缩短。平视人物比例正常，不发生变化。

　　在画角色造型时，要通过辅助线来检验透视是否准确。在地平线上确定两个消失点，然后从两个消失点拉出直线，这样，正面和侧面的空间便产生了，可以将这个空间想象成球体或者立方体，并将这种简单的几何形体按照辅助线画出来，然后再在这个形体上添加细节，最后将这些简单的几何形体归纳成想要设计的形象。形体要遵循这个空间来画，这样画出来的造型结构严谨，透视准确，如图3-61所示。

图3-61　动画片《无皇刃谭》透视线在画面中的应用　BONES（日本）

　　动画片中最常用的透视有以下几种：平视、仰视、俯视、广角镜头、鱼眼镜头。如图3-62所示是鱼眼镜头。

图3-62　动画片《秒速5厘米》中的鱼眼镜头　新海诚（日本）

3.4.2　动画特有的比例关系

　　在动画造型中，比例是一项不可忽视的重要因素。动画造型必须恰当地运用比例关系，不同的人物性格要通过不同的比例关系来得以更好地体现，强化给人的视觉效果。现实中标准的人体比例是7.5个头身，在动画片中，这种常规被打破，可以创造出10个头身的英雄形象，也可以画出2个头身的可爱形象，这也正是动画造型中比例带给人们的惊喜效果。

1. 比例在动画中的常见用法

通常在确定了角色的性格后，就可以开始着手考虑用什么样的比例造型来描绘角色了，不同性格的人物选择不同的比例来塑造。如图3-63中的可爱型：2～3个头身；如图3-64中的热血少年型：4～6个头身；冷酷型：7～8个头身，英雄型：9～10个头身，如图3-65所示；写实类动画中的主角一般采用最接近正常人体比例的6.5头身，如图3-66所示。

图3-63　可爱型　高思杨（中国）

图3-64　热血少年型　高思杨（中国）

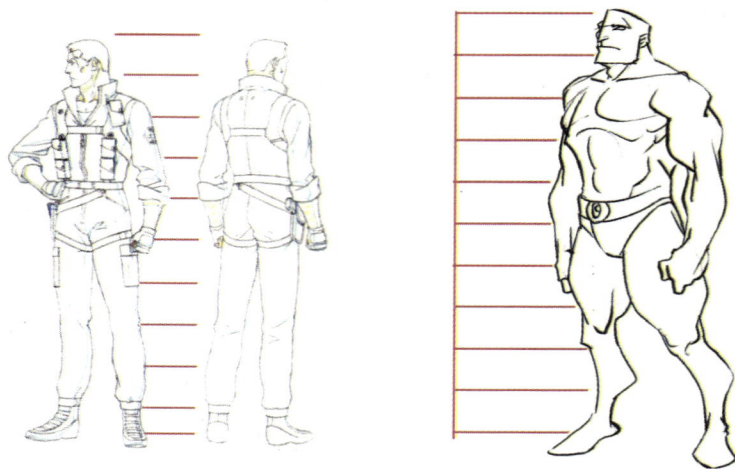

图3-65　冷酷型和英雄型　高思杨（中国）

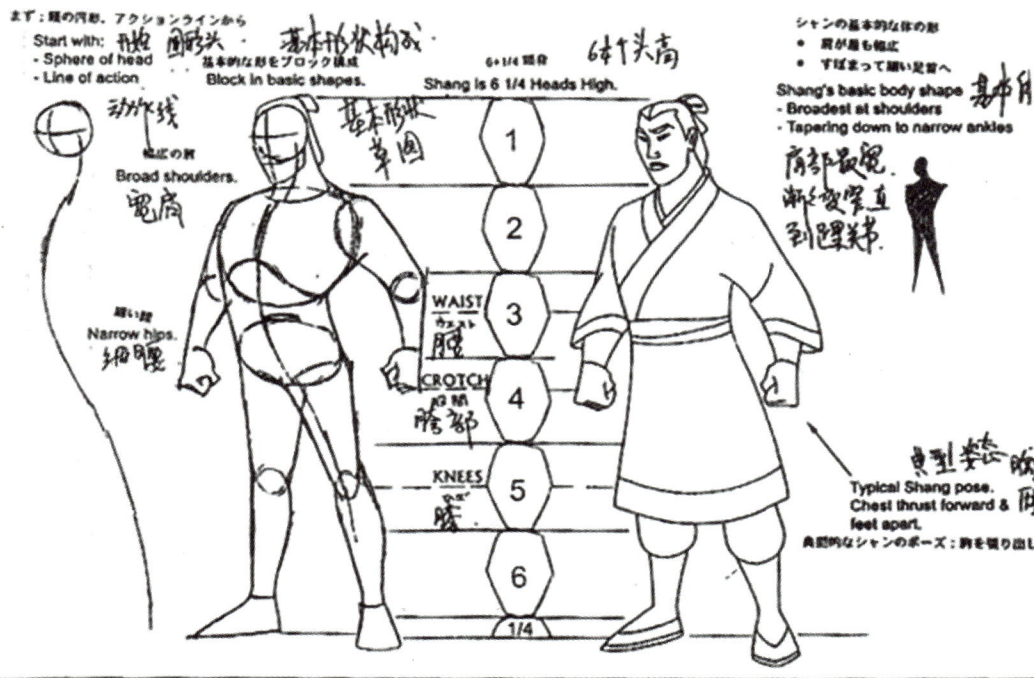

图3-66　动画片《花木兰》主角6.5个头身造型　迪斯尼（美国）

2. 艺术短片中的人体比例

　　艺术短片中的人体比例不同于商业动画片，它的造型抽象、概念化，将角色的性格特点毫不保留地展现给观者，有着极度的视觉感染力，如图3-67所示。它抛弃了常规比例的束缚，尽可能地将造型做到让人耳目一新，同时又极为符合角色性格以及短片的整体风格，为今后的商业动画提供了广阔的思维空间。

图3-67　动画片《没毛狗》艺术短片人物造型设计　张晓叶（中国）

3.4.3　设定角色的经典动作特征

　　不同性格的角色有着不同的动作特征，也会有最能代表他们的习惯动作。在设计完静态的角色转面之后，就要根据他们的性格特征，构思他们的动作特点了。最基本的动态特征起始于一条曲线，代表角色的脊柱弯曲，然后在这个基础上开始添加躯干的造型，手臂、腿部和头颈部都可以用不同的曲线来构思，视需要而定。动态图不需要画得很精致，但是一定要表现出角色的生命力，将生命感注入角色，简单的几条线、几个几何形体完全可以表现出角色的性格特点，如图3-68所示。

图3-68　动态造型　高思杨（中国）

　　在熟练掌握了这些技巧后，人物的性格特点就从笔下的造型中显现出来了，如图3-69和图3-70所示。

图3-69　动画片《人猿泰山》人物动态造型设定　迪斯尼（美国）

图3-70 原画中的人物动态造型 迪斯尼（美国）

本章小结

本章介绍了动画造型在动画片前期制作中的重要地位，并结合动画片前期制作的各项要求详细讲解了如何构思、设计、完善角色的造型设计。

训练和课后研讨题

（一）训练题

1. 设计不同性格的角色造型，包括角色的转面造型、表情及动态造型。
2. 练习在不同透视中的人物造型，可以用透视线代替场景，针对人物的透视练习。
3. 坚持每天画20张速写，加强对动态人物的造型把握能力。
4. 尝试根据小说或者自己编写的剧本来创作角色造型，为以后制作个人动画短片打下基础。

（二）课后研讨题

讨论用哪种风格的造型更适合自己的动画创作，并尝试设计出此类角色的造型。

第4章
二维动画角色造型的具体方法篇

4

主要内容：

● 本章结合大量的实例讲解人物、动物、昆虫、幻想类角色的具体造型方法，从理论及实际操作两个方面进行具体步骤及方法的演示，并从整体高度总结本门课程最终要达到的效果，明确训练成效。

重点难点：

● 如何掌握各类角色的具体造型方法是本章的学习重点，如何能较熟练地掌握其绘制方法是本章的学习难点。

学习目标：

● 通过对实例的研习，采取大量的临摹及创作训练学生在本章的学习中掌握各类角色的具体造型方法及绘制方法。

4.1 动画角色造型概述

每当我们欣赏完一部动画片，时隔多年，我们未必还能记起那跌宕起伏的剧情，存留于脑海中的剧情可能是断断续续的，但是，那明晰的角色模样却依然能在记忆的深处被唤醒。闭上眼睛，回忆那些曾经看过的动画片，一个个鲜活的角色历历在目，甚至那些影片中的道具、场景都开始慢慢浮现出来。仔细想想，观众和动画角色的相遇仅仅是一面之缘，而且只有短短的两个小时，但是就是在这短短的两个小时里，动画角色用它最富生命力的表演将自己的形象深深地印在了人们的心中，如图4-1～图4-3所示。

图4-1 动画片《龙猫》 宫崎骏（日本）

图4-2 动画片《千与千寻》 宫崎骏（日本）

图4-3 动画片《白雪公主》 迪斯尼（美国）

　　以上所说的便是动画片角色的魅力所在。动画片的角色是在精心设计后描绘出来的，所以，它可以在形象上无限接近剧本中的人物，达到画面中真实角色和剧本虚拟角色的完美统一。由于电影只能用真人来演绎角色，所以电影在表达故事内容上所受的制约很多，大多只能围绕着人类社会进行改编、创作。近些年来，随着计算机CG技术的迅猛发展，电影的想象空间以及所要表达的故事内容才变得广阔起来。这也证明了动画片和动画技术带给人们的不仅仅是还原真实的视觉效果，而且在视觉上超乎人们的想象。动画片角色便是塑造这超乎想象的世界的演员，如图4-4～图4-6所示。

图4-4 动画片《阿凡达》 20世纪福克斯（美国）

图4-5 动画片《阿凡达》 20世纪福克斯（美国）

图4-6 动画片《2012》 20世纪福克斯（美国）

4.2 角色造型设定在二维动画美术前期中的地位及作用

动画片的角色造型设计可以笼统地概括为人物角色造型、动物角色造型，以及幻想类的角色造型。这些造型的设计过程就好比电影开拍前选择演员的过程，但是不论是电影还是动画片，最终确定的角色必须要符合剧本中的角色给人们的感觉。但是有时角色在刚开始设计完成的时候并不被大家接受，有的角色和观众印象中的角色差距过大，这类问题往往发生在改编类的动画作品中，因为是改编的剧本，所以原作的形象已经深入人心，再次进行创作的挑战就变得很大，例如迪斯尼的《花木兰》。最早迪斯尼将《花木兰》的人物造型公布于众的时候，大批中国观众都觉得无法接受，因为这个来自西方的花木兰和中国人传统思维里的花木兰差距太大。但是，随着观众慢慢将影片品味完，这种排斥慢慢消失了，原因就是动画片角色所特有的功能性与作用，如图4-7所示。

图4-7 动画片《花木兰》 迪斯尼（美国）

角色的形象设计不仅要符合剧本、迎合观众，更重要的是通过有张力的造型、完美的表演，塑造出一个活生生的形象，并且征服观众。优秀的角色造型设计应超出观众的想象，并且要在全片的表演中让观众信服这种虚构，认同这种虚构的角色，如图4-8和图4-9所示。

图4-8　动画片《风中奇缘》（1）　迪斯尼（美国）

图4-9　动画片《风中奇缘》（2）　迪斯尼（美国）

4.3　角色造型的程序和步骤

当一个文字描述的角色放在我们面前时，我们很难第一时间就做出最细致的描绘。这时，我们对这个角色的感觉仅仅是一个抽象的、模糊的概念。可以通过如下方法来训练如何设计角色。

4.3.1　描绘剪影

这是最常见的一种构思方法，通常，我们会把角色的大体印象记住，然后丢开文字，开始在纸上涂抹黑色的剪影。这个过程是很放松的，不需要考虑得太多，只需要时刻想着文字角色给人的感觉，然后跟着这个感觉慢慢画出黑色的剪影造型。这样不会被细节所困扰而失去灵感，当一个黑色的剪影效果出现在你眼前时，它会给你一个更宽广的想象空间，这是一种交互式的设计方法，可以循序渐进地深入下去，如图4-10和图4-11所示。

图4-10　描绘剪影（1）　高思杨（中国）

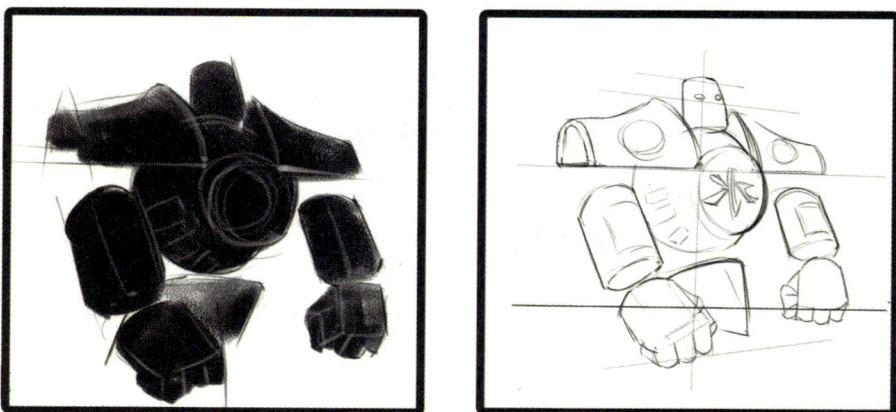

图4-11　描绘剪影（2）　高思杨（中国）

4.3.2　描绘线条

　　这种方法需要一定的造型能力，在脑海中已经有了对文字角色的理解之后，便可以在纸上随意勾勒线条了。同样地，不需要考虑太多，只需要通过已经画出的线条来观察画面上的变化，画错的地方也不需要擦掉，只需要根据错误的线条画出相对正确的即可，当众多的线条勾勒出大体的角色后，再仔细推敲和最终确定那些最合适角色的线条，最终勾勒出想要的角色造型，这同样也是一种交互式的设计方法，如图4-12所示。

　　设计并不一定出于绝对的主观思维，有时，未完成的画面往往能给人以新的启迪，从而打破思维的束缚，找寻新的灵感。

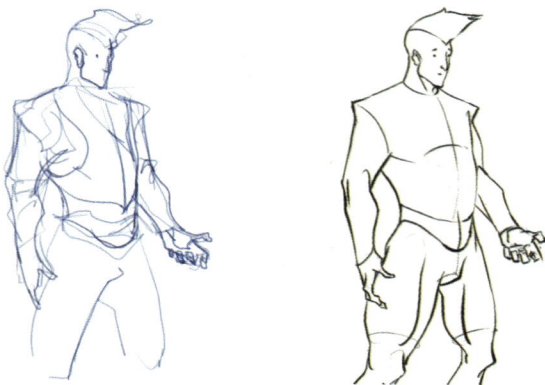

图4-12　通过线条描绘造型　高思杨（中国）

4.3.3　设定角色的经典表情特征

如果说动态造型给了角色生命，那么表情无疑是最后画龙点睛的一笔。

设计角色的表情时，最基本的便是喜、怒、哀、乐。设计表情光靠想象是不够的，还需要一面镜子。角色设计者可以自己揣摩角色的性格，对着镜子做出各种符合角色的表情，然后将这些表情套入角色造型中。若想让角色更加充满活力，还需要设计更多的表情以配合动画制作的需要。表情设计得越详细、越全面，对角色的性格特点描述就越细致，进而给观众带来更加可信的感觉，带领观众进入动画角色生动表演的世界，如图4-13～图4-15所示。

图4-13　表情设定　动画片《蒸汽男孩》　大友克洋（日本）

图4-14　表情设定　动画片《人猿泰山》　迪斯尼（美国）

图4-15　表情设定　刘名　王禹（中国）

4.3.4　设定角色的转面设定

　　角色的转面设定是动画制作中必不可少的重要环节，它不但为角色在动画片中出现的各个角度提供了造型参考依据，而且帮助其他环节的工作人员更准确地理解角色的造型。通过正面、侧面、3/4面、背面、顶部、底部的全方位描绘，把一个立体的角色展现给制作人员，如图4-16～图4-22所示。

图4-16　人物转面设定 动画片《蒸汽男孩》（1）　大友克洋（日本）

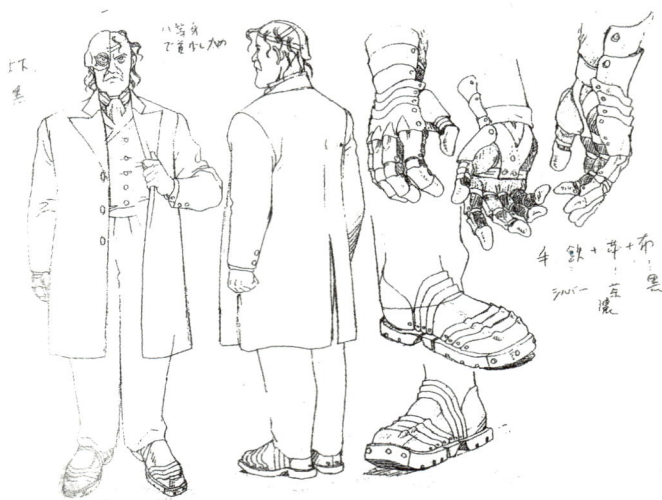

图4-17　人物转面设定 动画片《蒸汽男孩》（2）　大友克洋（日本）

图4-18　人物转面及动态设定　高星（中国）

图4-19　人物动态设定　王黎（中国）

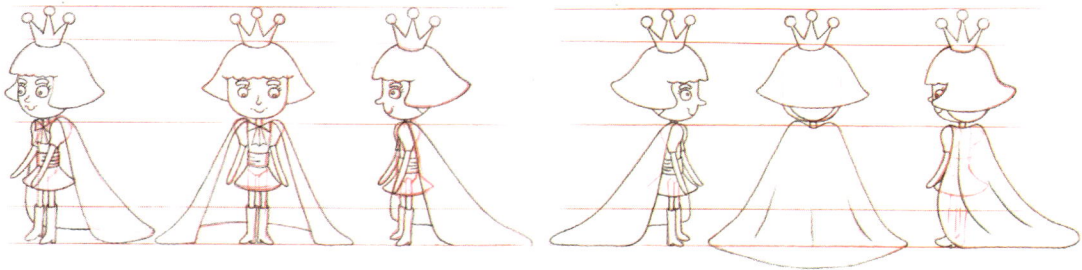

图4-20　人物转面设定（1）　王黎（中国）

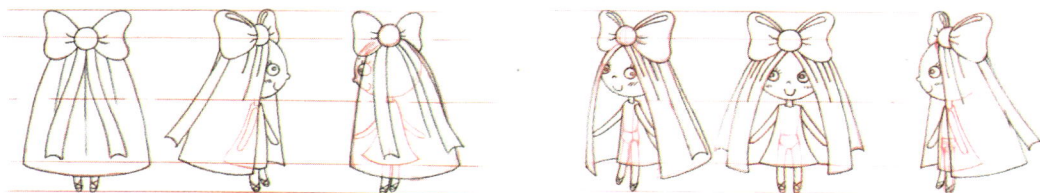

图4-21　人物转面设定（2）　王黎（中国）

图4-22　人物转面设定（3）　王黎（中国）

在设计转面的时候要考虑到各个面之间的呼
应，在用线条来表现轮廓的同时，还要考虑是否
有利于动画制作，不同的面在互相转化上是否存
在设计上的缺陷，或是不同的面是否都能体现出
角色的性格及人物特点，背影在没有五官的情况
下是否也能让观者一眼认出该角色。设计角色转
面的时候，设计者要把设计完的形象自己检查一
遍，可以加入动画，然后放到动检仪上拍一下，
并反复审视播放出来的效果。不同的片子，不同
风格的造型，有着不同的描绘转面的方法。但是
万变不离其宗，造型能力决定了转面绘制得是否
准确，这就需要日常练习中对动画速写进行大量
不间断的练习，以及对体、块、面的深入理解，
如图4-23～图4-25所示。

图4-23　人体速写　迪斯尼（美国）

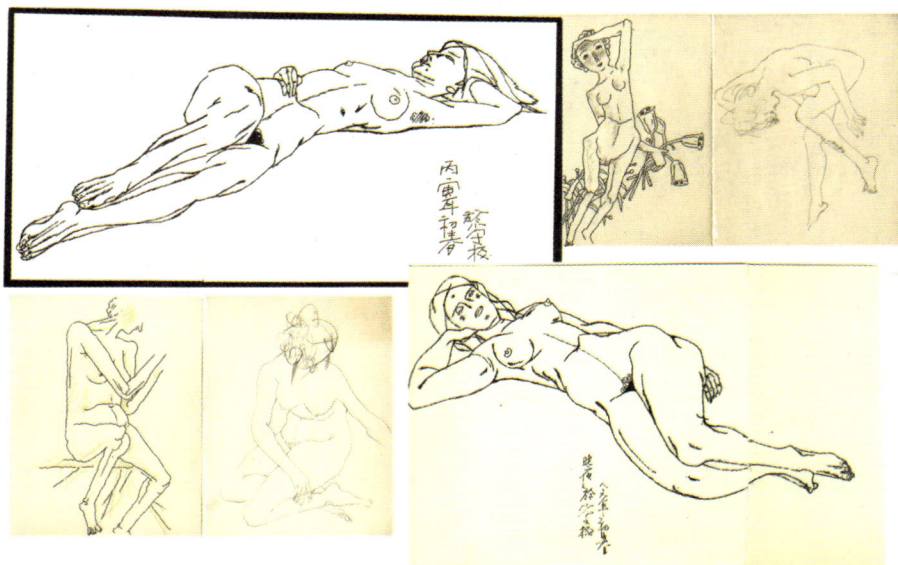

图4-24　人体速写（1）　张晓叶（中国）

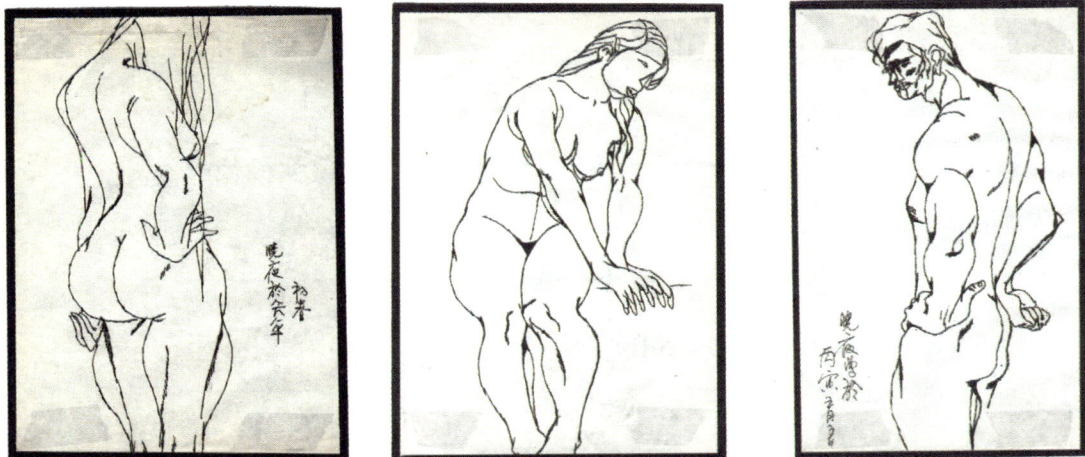

图4-25　人体速写（2）　张晓叶（中国）

4.4　人物造型的具体方法

　　人物角色是二维动画片中最常见的角色造型，这其中包括拟人化的道具、景物等。在进行人物造型设计之前，要对素描及速写进行大量的训练，力求掌握扎实的基本功。虽然动画属于幻想艺术的门类，人物是虚拟出来的，但是他们的变化是有理可循的，不是随便编造的。在人物角色造型设计中，最为重要的是比例和结构的关系，其次才是身体各个细节的刻画。在设计人物的POSE时，可以参考剧本再加上自己对人物性格的理解，揣摩角色，并试着自己对着镜子模仿角色的动作、表情等，然后将这些动态迅速地捕捉下来。在画最初的概念设计图时，尽量用3/4的侧面POSE来表现，因为这个角度的人物造型所表现出来的效果是最全面的，是正面和侧面都无法做到的，这包括正面3/4及背面3/4，如图4-26～图4-29所示。

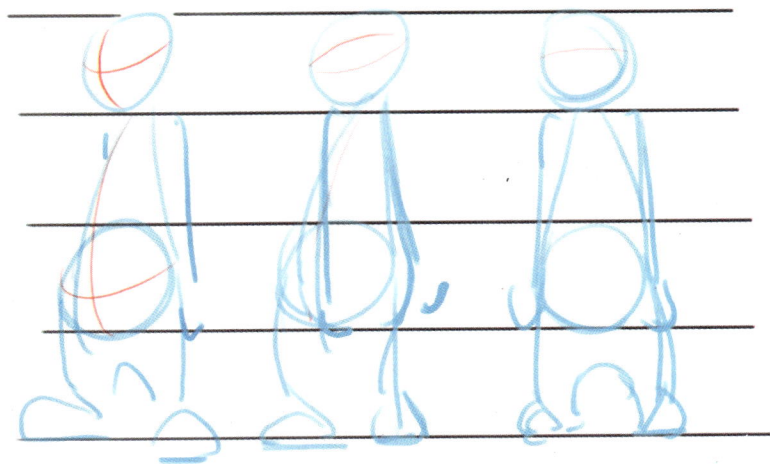

图4-26　动画角色造型转面图设计草图　高思杨（中国）

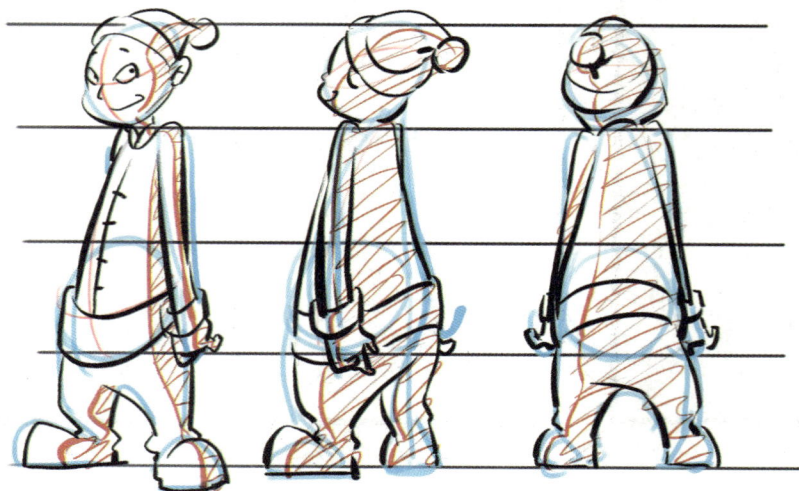

图4-27　动画角色造型转面图设计　高思杨（中国）

图4-28　动画角色造型设定（1）　杨伟林（中国）

图4-29　动画角色造型设定（2）　杨伟林（中国）

在训练人物角色造型设计时可以遵循以下原则：先整体，后局部；先观看剪影效果，再添加细节。可以选择粗一些的铅笔或者马克笔，然后放松地随意勾勒一些形状，再继续向上叠加一些有趣的形状，反复叠加几次后，一个大块的剪影就出现了，然后继续在上面找出一些感兴趣的形状进行刻画，慢慢地一个意想不到的人物形象剪影就完成了，如图4-30所示。涂剪影是一个找寻灵感的过程，而且这个过程很放松，也很快。不要被小的局部或者细节所吸引，要尽快地描绘出一个整体的剪影效果。画了许多剪影设计之后，再从中筛选出最满意，或者最符合剧本中人物角色的那一个，然后进入局部的刻画。这样设计的好处是人物角色轮廓鲜明，有特点，而且整个设计过程很放松，也很有效率，如图4-31所示。

图4-30 角色造型剪影 高思杨（中国）

图4-31 角色造型剪影 高思杨（中国）

4.4.1 躯干的造型

躯干由胸腔和骨盆两大块组成，这也是整个人体结构中最为重要的两大关系。胸腔和骨盆的大小直接决定了一个角色造型的性别和体积大小。胸腔和骨盆之间的转面、扭动，则清楚地表现出角色POSE的动势。所以，对躯干部位的学习掌握和练习对人物角色造型设计显得尤为重要。

在绘制躯干部位时，要把胸腔和骨盆两大块理解成有厚度的长方体或者球体，如图4-32和图4-33所示。用这两种几何形体来绘制躯干是最有效率也是最科学的方法。用这种方法绘制出来的造型有很强的体积感，不会让人觉得单薄，而且在角色进行转面时，胸腔和骨盆的整体大小、厚度不会改变，容易把握，如图4-34和图4-35所示。

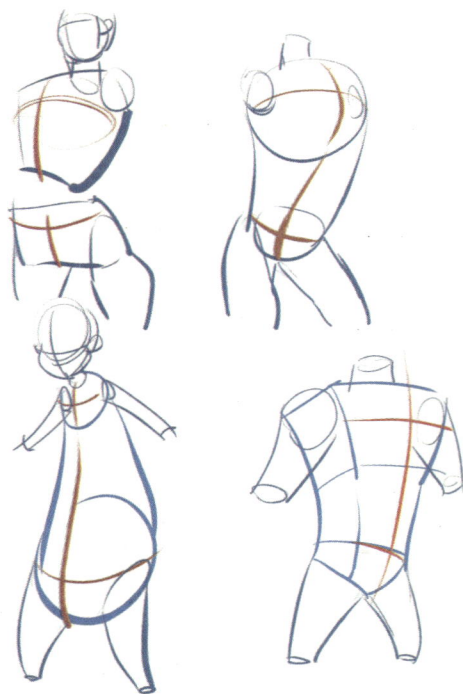

图4-32　角色躯干造型理解　高思杨（中国）

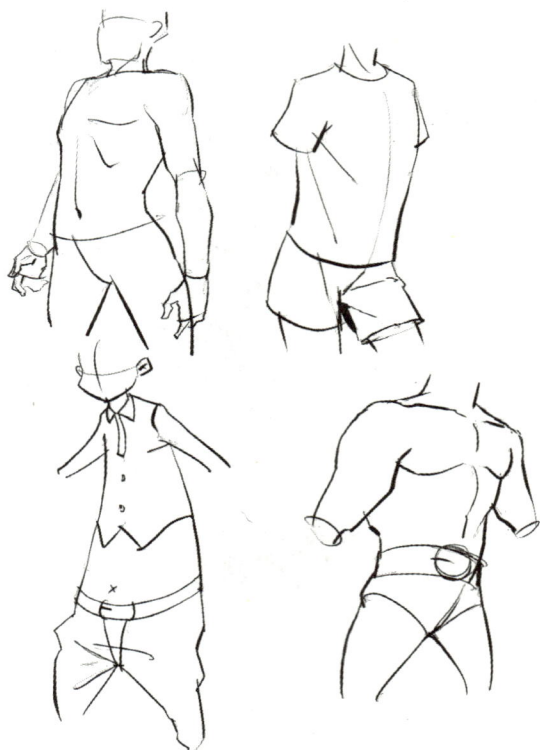

图4-33　角色躯干造型（1）　高思杨（中国）

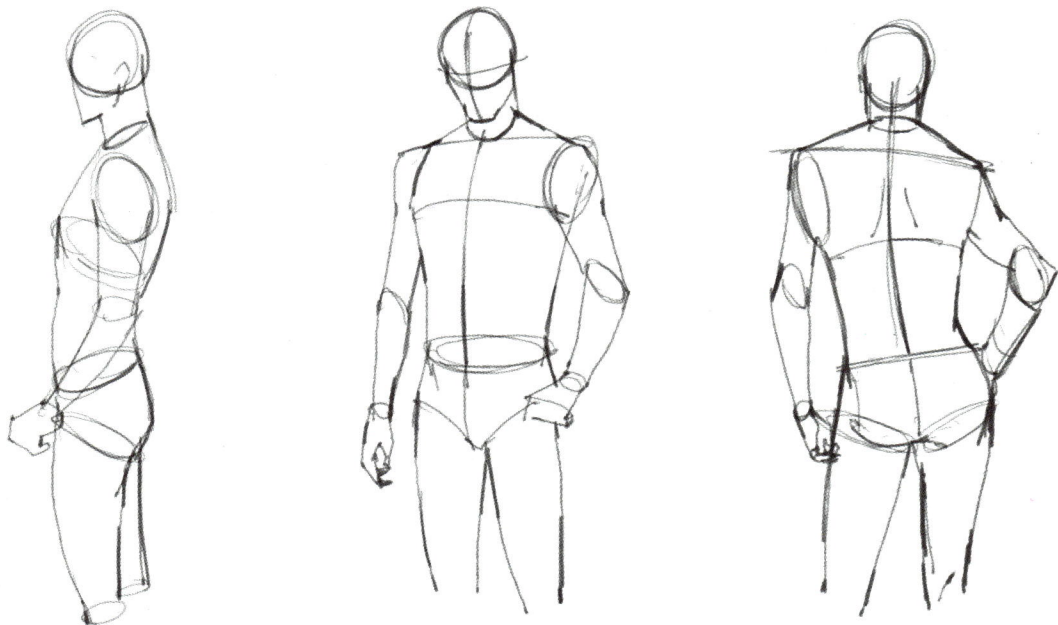

图4-34 角色躯干造型（2） 高思杨（中国）

图4-35 角色躯干造型步骤图 高思杨（中国）

4.4.2 四肢的造型

　　四肢是附着在躯干上的，由上肢和下肢组成。上肢分为大臂和小臂，下肢分为大腿和小腿。由于动画片中不过分强调肌肉在受力下的变形，所以在画四肢的时候只需要注意大体的形，也就是剪影效果即可。其次，要充分理解大臂与小臂、大腿与小腿间的结构穿插关系。在不同的视角，不同的姿势下，都可以画出优美的动感造型，如图4-36所示。

　　绘制四肢时，可以把四肢理解成穿插在躯干上的4个圆柱体。然后将大臂和小臂再分成2个圆柱体，大臂略粗些，小臂略细。同样的方法，大腿和小腿也可以归纳成2个圆柱体，如图4-37和图4-38

所示。通过这种用几何形体归纳造型的方法，可以很快速地画出四肢的造型，在确立了四肢大体的比例和造型后，就可以根据肌肉的变化来进行更深入地刻画了，如图4-39所示。

四肢并不是单独存在的个体，它们与躯干相连接并组成人体的一部分，所以，在理解四肢的造型结构后，可以结合躯干将角色完整地描绘出来，在不同的动作和透视情况下，四肢的造型都会产生微妙的变化，通过描绘各种不同的动态角色，不同透视下的角色，会帮助我们更细致地了解四肢和躯干的关系，如图4-40和图4-41所示。

图4-36　人体速写　杨伟林（中国）

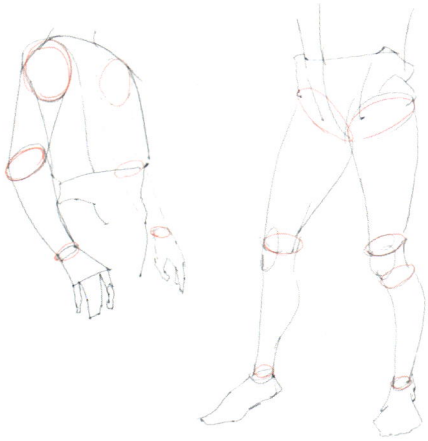

图4-37　四肢的结构理解　高思杨（中国）

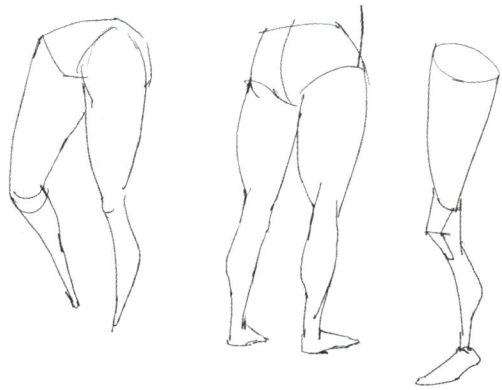

图4-38　下肢的结构理解　高思杨（中国）

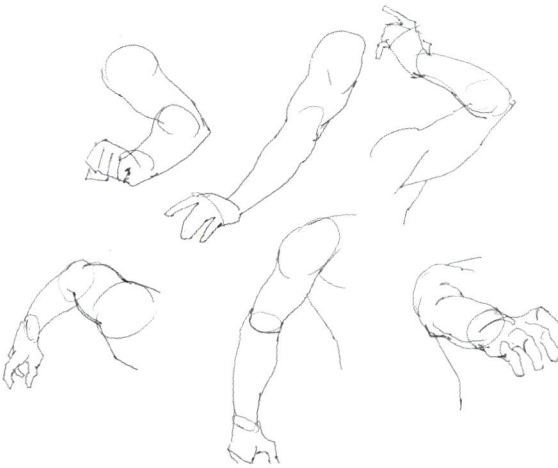

图4-39　上肢的造型描绘　高思杨（中国）

图4-40　人物角色造型　杨伟林（中国）

图4-41　人物角色造型设定步骤图　高思杨（中国）

4.4.3　头部及五官的造型

　　头部可以说是出镜率最高的部位了，大量的中景、近景、特写镜头都离不开角色的头部。头部的刻画必须准确无误，特别是在透视和结构上容不得半点偏差。头部的画法主要是以球体或者正方体为主，如果是写实类型的动画片，人物的五官要按着三庭五眼来画，如果是Q版的造型，可以适当地调整三庭及五眼间的距离，以达到想表现的效果，如图4-42所示。五官的造型方法在各种风格的动画片中有着不同的表现和处理手法。写实动画片的人物五官大多参考真人照片，或在速写的造型基础上进行提炼，力求达到写实的目的。卡通风格的动画则需要自己重新设计五官的造型，但大多以几何形体为归纳法，这样设计出的效果很有张力，而且适合表演。艺术类短片的五官设计要参考艺术短片的整体风格来定。比如沙画风格的短片，由于材质的局限性，造型不可能非常细腻，主要以意境为主；水墨风格的短片，人物头部和五官的造型则主要参考国画的表现手法。

　　在动画造型中，头部可以看成一个球体，这也是起稿时所用的最基本形体。在确立了球体的大小后，在球体上面大致画出眼睛、鼻子和嘴的位置，用一些曲线来确定，再定位出脸部的中心线，这样，即便是不画五官，一个头部的动势以及脸部的朝向都会很明确地显示出来，如图4-43所示。在用线条确定了五官的位置以及中线后，根据每个角色不同的性格、身份，再逐步勾勒出五官的具体形状。

人的头部和脸型多种多样，在设计人物动画角色时也要考虑到这一点。常见的头部形状有：三角形、长方形、椭圆形、梨形，如图4-44和图4-45所示。

掌握了这些基本的技法后，可以在平时的学习过程中多画些头部的速写，加强对头部造型的理解，如图4-46～图4-49所示。

图4-42　人物头部设定练习　杨伟林（中国）

图4-43　漫画头部造型理解　杨伟林（中国）

图4-44 长方形、三角形头部造型 高思杨（中国）

图4-45 椭圆形、梨形头部造型 高思杨（中国）

图4-46 角色头部造型设计步骤 高思杨（中国）

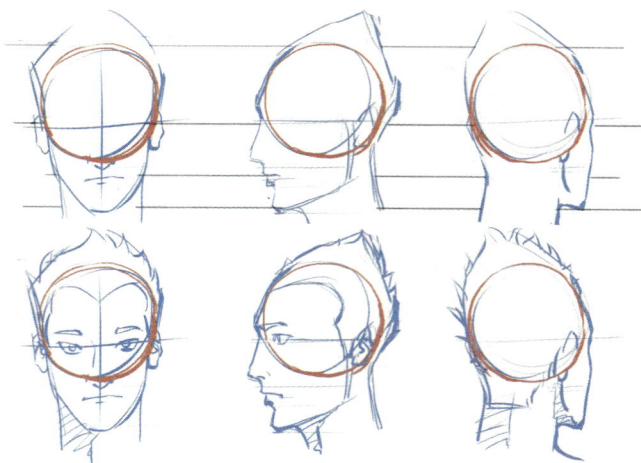

图4-47 角色头部造型转面设计步骤 高思杨（中国）

图4-48 头部造型练习（1） 高思杨（中国）

图4-49 头部造型练习（2） 高思杨（中国）

4.4.4 头发的造型

二维动画片中人物的头发主要是对真实头发的概括和归纳，然后在此基础上加以变形、夸张等特殊效果。设计头发的时候同样要从整体出发，把头发看作大的几何形体进行归纳，这样的造型在转面和运动的时候更容易捕捉到规律，并更方便绘制，如图4-50～图4-52所示。

图4-50 男性头发的造型设计 高思杨（中国）

图4-51 女性头发的造型设计 高思杨（中国）

图4-52 儿童头发的造型设计 高思杨（中国）

4.4.5 手和脚的造型

不论是何种绘画，凡是涉及到人物的绘画，手和脚的描绘都是最令初学者头疼的部位。二维动画中的手和脚经常出现在特写镜头中，所以，手和脚的结构容不得半点含糊，要透彻地理解手和脚的结构，并在日常生活中进行大量的观察和速写练习。二维动画中的手和脚经过高度概括，已经有了很科学的描绘方法。把手和脚理解成几何形体的组合体更容易理解，并且在打草稿的时候更容易掌握比例和结构关系。

1. 手的造型

人类手和脚的功能不同，所以运动方式和造型特点也不同。手的功能更多，所以在设计的时候要设计出所有可能用到的姿势。设计手的时候可以规定几种符合角色性格的手势，同样，要区分开男人和女人手势的特点。并且要把各个角度，不同透视下的手所呈现的不同状态设计明确。我们可以把手掌归纳为一个扁平的矩形体，五根手指归纳为五条长短不同的细线，这样方便绘制，更容易掌握动态，如图4-53所示。最后在清稿的时候精确地画出结构，如图4-54所示。这一点尤为重要，因为原画以及所有中后期的绘制人员都要以此为参考，如图4-55和图4-56所示。

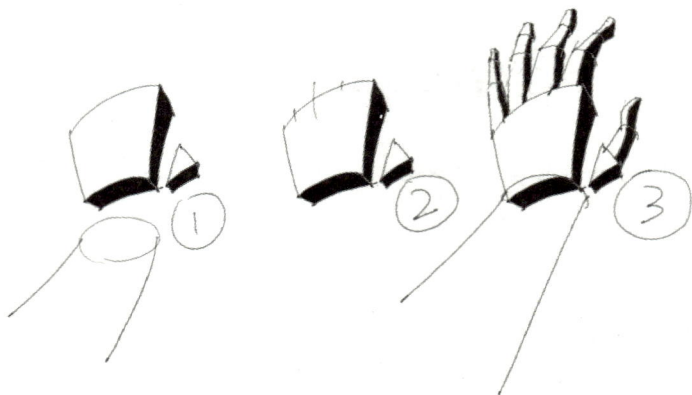

图4-53 手部结构理解 高思杨（中国）

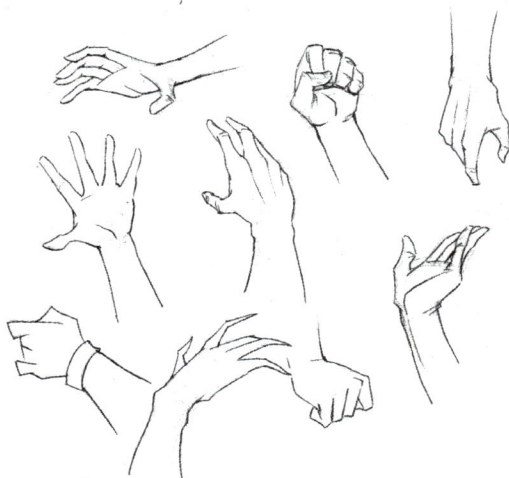

图4-54 手部造型 高思杨（中国）

图4-55 手部造型设定（1） 迪斯尼（美国）

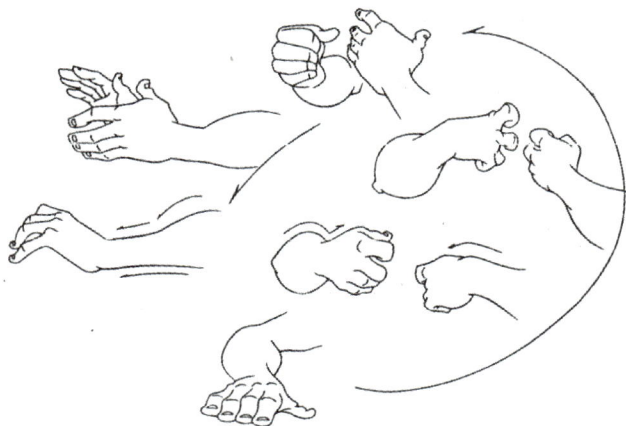

图4-56 手部造型设定（2） 迪斯尼（美国）

2. 脚的造型

和设计手的造型一样，在设计脚的时候，仍是把脚概括归纳成几个简单的几何形体，主要注意脚背的弧线，以及足弓、脚踝、脚后跟和前脚掌的结构关系。即便是角色都穿着鞋子，脚的结构依然不能忽视，因为鞋子的造型是和脚的结构基本相同的，当把脚的结构熟练掌握后，画穿鞋的造型就会更加轻松，如图4-57所示。

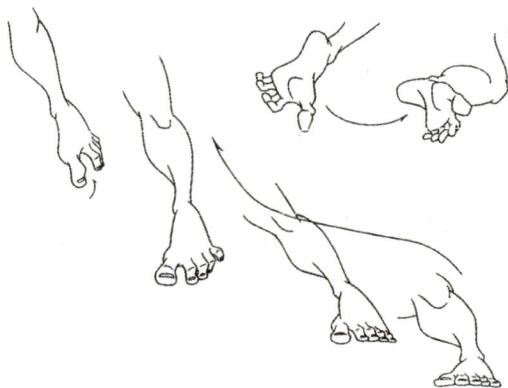

图4-57　脚部造型设定　迪斯尼（美国）

4.4.6　表情的塑造

二维动画片的角色造型方式和插画、漫画看起来很像，但是二维动画片的造型更讲究其科学性。例如，漫画造型可以画得随意些，因为它是单幅的、静止的，当连续两幅画面出现同一个人的不同表情时，只需要着力将表情刻画到位就可以了，不需要考虑他们之间的动作联系。但是二维动画片就不同了，在设计角色五官的时候就要考虑到这个问题，设计出来的五官是否有利于运动、表演。嘴巴用简单的一条线可以交代出它是闭着的，也可以设计一个多线条、很有立体感的嘴巴，但是一定要考虑到是否能和张开的嘴巴形成过渡关系，这几条简单的线条如何变形成张开的嘴巴。这便是二维动画片角色设计的特殊性，如图4-58～图4-60所示。

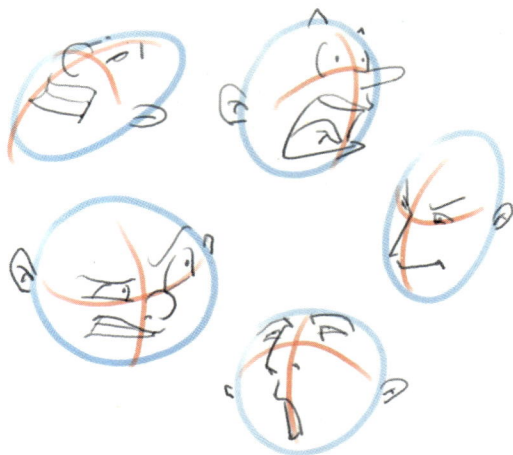

图4-58　角色表情设计方法　高思杨（中国）

在设计表情时，可以通过自己对着镜子摆出想要的表情这一方法来设计。

图4-59　角色的表情设定（1）　高思杨（中国）

图4-60　角色的表情设定（2）　高思杨（中国）

4.4.7 口型的设计

　　口型设计是二维动画片所特有的设计程序。大体分为两种方法，一种是欧美国家使用较多的先配音后原画的方式。原画根据先期录制好的声音来绘制镜头所需要的口型。这种方式的优点是画面节奏和口型可以和声音达到很高的契合度，给人的感觉很真实。另一种是中国和日本常用的先原画后配音的方式。原画根据故事板上的人物对话内容大概归纳出几种口型，一般以A、B、C、D、E、F等为主，然后根据摄影表上的时间把口型放入原画中，成片制作完成后，配音演员看着画面进行配音工作。这种方式的优点是节省成本和时间，但是没有第一种方法所达到的逼真效果，如图4-61和图4-62所示。

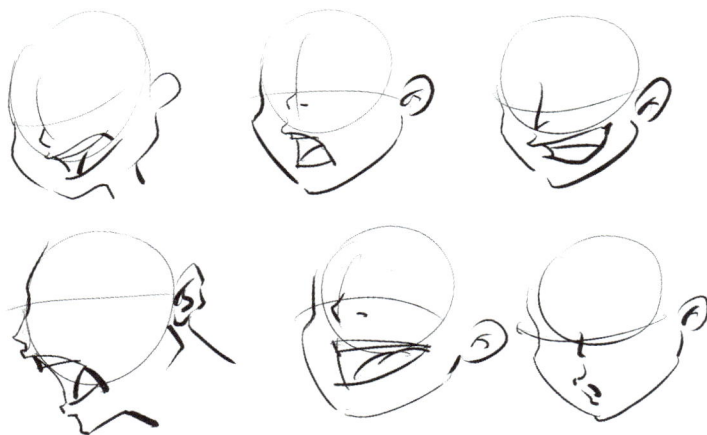

图4-61　口型设计（1）　高思杨（中国）

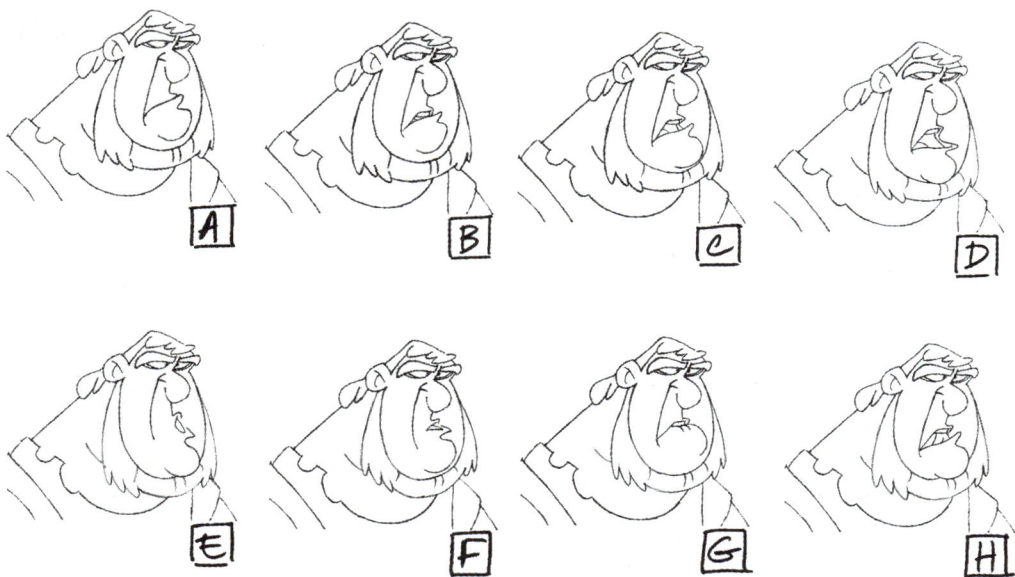

图4-62　口型设计（2）　高思杨（中国）

4.5 动物造型的具体方法

二维动画片中的动物造型主要分为写实类、拟人类、卡通类三种。写实类的动物造型主要出现在写实风格的动画片中，仅仅起到衬托作用，由于造型写实，所以动作相对弱化，并且没有表演。拟人类的动物造型主要出现在以动物角色为主角的动画片中，设计拟人类动物造型时首先要对动物进行大量的写生，充分掌握动物的特点，再经过造型上的简化与提炼，使其符合二维动画的制作要求。在动作上既保留动物的运动特征，还加入了类似人类的表情、动作，以及说话的口吻。例如动画片《狮子王》中的主要动物造型，如图4-63所示都是拟人类的动物造型，它们像人类一样说话、表演，像动物一样跑跳、生活。卡通类的动物造型更加夸张，设计此类动物造型时要对每种不同动物的特点进行高度的概括、提炼及夸张变形。例如动画片《米奇》、《兔八哥》等，如图4-64和图4-65所示。

图4-63 动画片《狮子王》 迪斯尼（美国）

图4-64 动画片《米奇》 迪斯尼（美国）

图4-65 动画片《兔八哥》 美国华纳兄弟公司（美国）

4.5.1　动物造型的简化

在对动物造型进行简化之前，首先要了解动物的形态及其运动规律，最重要的是要对动物进行大量的速写练习，进而充分理解该动物的比例关系、结构穿插，甚至肌肉组织在受力情况下的形态变化，如图4-66～图4-68所示。这样，我们才能真正了解这种动物的造型，才能胸有成竹地对其进行造型上的提炼和简化。动物按其运动方式主要分为以下几种：四蹄类、禽类、两栖爬行类、鱼类。下面针对这几类不同的动物进行细致分析。

图4-66　动物速写（1）　Windling（法国）

图4-67　动物速写（2）　Windling（法国）

图4-68　动物速写（3）　Windling（法国）

1. 四蹄类动物

　　四蹄类动物是动物中最常见的，例如动画片中经常出现的马、狗、狮子、狼等。在设计其造型时，不仅要把握其整体的剪影效果，还要处理好四肢的结构特点。如图4-69所示，将四肢设计成符合运动规律的造型无疑更方便在镜头中进行表演。设计造型时，要寻找一个兴趣点，即在一张画中最感兴趣的一个局部或者一个动态，然后围绕着这一点来展开夸张和变形，其他部分可以放松地几笔带过，这样设计的好处是最后画面效果主次分明，特点突出，有很强的造型感和感染力，如图4-70和图4-71所示。

图4-69　动物速写剪影效果　Windling（法国）

图4-70　动物造型设定（1）　赓•赫尔脱格伦（美国）

图4-71　动物造型设定（2）　赓•赫尔脱格伦（美国）

2. 禽类

禽类包括家禽以及飞禽。在简化禽类的造型时，要注意其双脚及翅膀的结构，在脚和翅膀上可以表现得夸张和概括些，如图4-72～图4-74所示。

图4-72　动画片《幻想曲2000》　迪斯尼（美国）

图4-73　鸟类的造型设定　宫崎骏（日本）

图4-74　家禽类动画造型设定　高思杨（中国）

3. 两栖爬行类

两栖爬行类主要分为有足与无足两类，例如鳄鱼和蛇。两栖爬行类动物的造型特点通常是身体躯干部分较细长，四肢较短，运动时主要以S形前进，如图4-75～图4-77所示。

图4-75　两栖爬行类动物角色造型设定　Windling（法国）

图4-76　两栖爬行类动物角色造型设定（1）　高思杨（中国）

图4-77　两栖爬行类动物角色造型设定（2）　高思杨（中国）

4. 鱼类

　　鱼类的运动特点决定了鱼类的基本形态。鱼类是通过摆动身体，靠尾部的划水来产生推进力，所以鱼类的身体和尾部是两大关键部分。身体为了减少水流的阻力而进化成流线型的造型，而尾部为了获得更大的推进力而进化成扁平状。设计鱼类造型时，可以用一些动态线简单地描绘出鱼的基本特征，然后在头部上做些拟人化的设计，例如《海底总动员》中鱼类的造型设计，如图4-78所示。

图4-78 鱼类造型设定 皮克斯（美国）

4.5.2 动物的动态

　　动物的动态设计和人物的动态设计相同，把握好动态线是关键。动态的设定也能反映出一个动物的动作特点、内心变化，以及身体的弹性等。例如，可以用很多的直线来强调一个动物的轮廓线，使它看起来更加有力量。也可以用很多圆滑的曲线来勾勒一只动物的造型，这样它看上去会更具动感，也会更加可爱。外形的设计只会带给观众表面的印象，只有加上动态设计，角色才会真正活起来，如图6-79和图6-80所示。

图 4-79 动物的动态造型设定 Windling（法国）

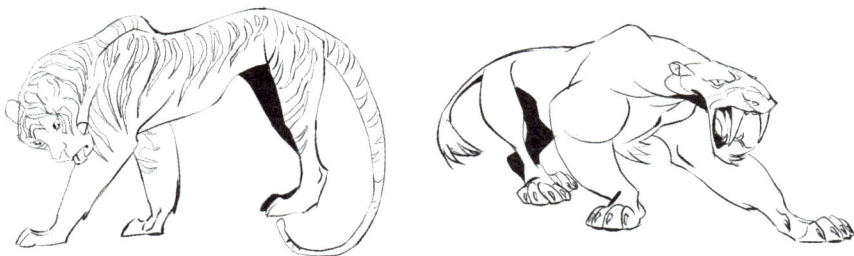

图 4-80 动物的动态造型设定 高思杨（中国）

4.5.3 动物头部的造型

每种动物的头部都有各自的特点，这是它们为了适应生存需要而进化形成的。哺乳类动物的头部大多数都有五官，在动画设计时，可以参考人类的五官对其进行归纳，然后对某一类动物的某一突出特点进行夸张，比如狼的鼻子，可以在造型上将它做得更夸张些，突出它的特点。或者例如狮子的鬃毛，还有松鼠的耳朵和嘴巴。鸟类的头部特点主要靠喙的形状来区分，以及一些由羽毛形成的花纹，如图4-81和图4-82所示。

图 4-81 动物头部造型设定 赓·赫尔脱格伦（美国）　　　　图 4-82 动物头部动画造型设定 高思杨（中国）

4.5.4 动物脚的造型

动物的脚大致分为以下几类：蹄子、爪子，以及灵长类动物的手和脚。食草类动物的蹄子是为了追寻新鲜的草场，进行大规模的迁徙而进化来的。食肉类动物的爪子是为了捕食猎物而进化来的。区分出动物脚部的功能后，我们就可以有条理地对以上三种脚类造型进行练习了。蹄类的特点很明显，主要是用方形的几何形体构成，有的蹄类动物的蹄子会分成两部分，即类似两个脚趾。蹄子非常坚硬，但是不能抓握东西，只能踩踏，所以在动作设计上没有太多动势变化。爪子类似人的手掌，准确地说是没有手指的手掌，手指被肉垫代替，锋利的爪藏在肉垫中，发动攻击的时候会伸出。动物的爪可以微微弯曲，可以抱住东西，但是依然不能握紧。灵长类的脚和人类的手的结构相似，只是更加灵活，手指和手掌的长度更长，如图4-83～图4-85所示。

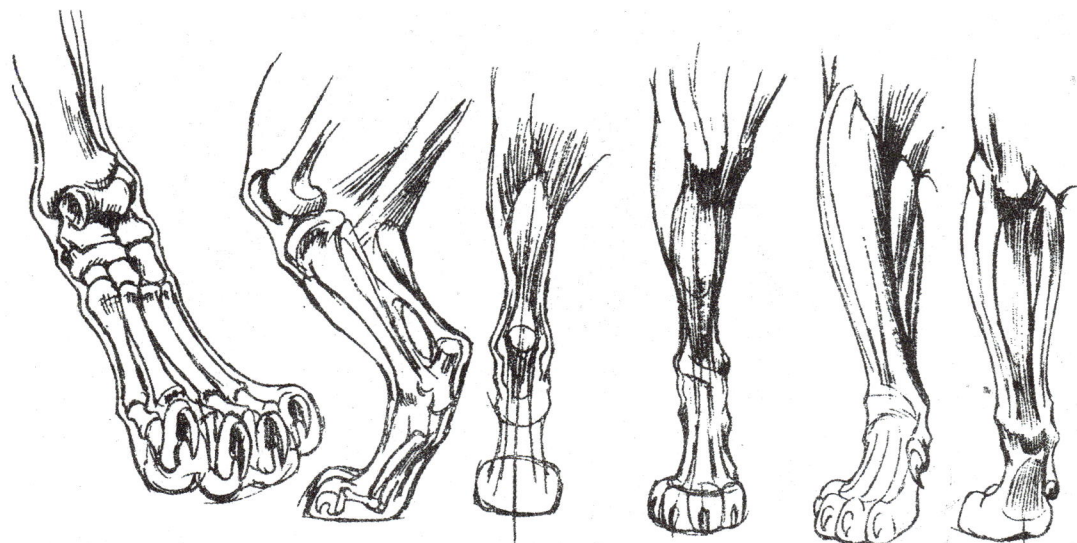

图 4-83　动物角色脚部造型设定　赓•赫尔脱格伦（美国）

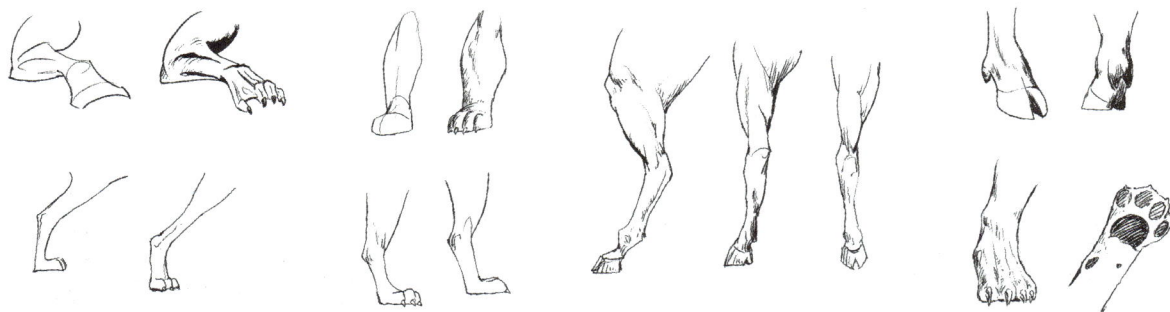

图 4-84　动物角色脚部动画造型设定　高思杨（中国）

图4-85　动物角色脚部造型设定　Windling（法国）

4.5.5　动物的性格与表情

　　自然界中的动物不会像人类一样做出喜怒哀乐的表情，它们的表情并不明显。但是在动画片中，为了体现动物的内心世界，为了能让动物角色更加活灵活现，在设计动物造型时，要为它们设计出类似人类一样的表情，让观众能看懂它们的喜怒哀乐，让观众通过它们的表情了解它们的内心是善还是恶。和设计人物表情一样，在设计动物表情时设计师会对着镜子表演，然后把自己表演出来的表情加到笔下的造型中去。表情造型设计得越丰富，角色在动画片中的表演就越生动，如图4-86所示。

图4-86　动物角色表情设定　迪斯尼（美国）

4.5.6　动物的拟人化造型

　　给动物们穿上衣服，让它们喝着可乐，说着人类的语言，当把这些人类特有的元素加到动画片中动物角色身上时，动物角色就被拟人化了。可以试着给它们加上些现在最流行的发型，把它们的毛发重新造型一下。或者像动画片《猫和老鼠》中Tom和Jerry一样，来一段和人类一样的诙谐幽默表演，这便是动物的拟人化处理，如图4-87所示。

图4-87　动画片《猫和老鼠》动物的拟人化造型设计　米高梅电影公司（美国）

　　在设定动物拟人化角色时一定要用动物的头部和人类的躯干，这是设计好拟人化动物最重要的一个窍门。如果用人类的头部加上动物的躯干那就称不上是动物拟人了，而是人拟动物了，并且会给人以非常恐怖的感觉，通常设定怪物时会那样做。循着这个规律，我们可以清楚地意识到要画好动物拟人化角色都需要掌握哪些技术环节，首先，要熟练掌握各种动物头部的绘制技巧，其次，熟练掌握人体结构比例，最后，在四肢上稍微做些文章即可，以及加上某些动物的特殊标志性符号，例如犄角和尾巴等。图4-88和图4-89便是动物拟人化的设定，看看你是否能从中认出都是哪种动物呢？

图4-88　动物的拟人化动画造型　杨伟林（中国）

图4-89　动物的拟人化动画造型　杨伟林（中国）

4.6　昆虫造型的具体方法

在设计昆虫造型前，首先要了解此种昆虫的特点，例如它是如何运动的，如何进食，以此为依据来归纳昆虫的手脚。例如在设计蚂蚁造型的时候，可以用大小不同的球体来概括蚂蚁的头、胸及躯干。将它身体两侧最前方的前肢设计成手，将后面两组设计成脚，并且让胸向上稍稍挺起，靠四只脚来行走，两只手主要进行表演。头部的造型可以用圈或者简单的几何形体进行归纳和概括，并且在五官上进行拟人化的设计，如图4-90和图4-91所示。

图4-90　动画片《风之谷》昆虫的动画造型设定　宫崎骏（日本）

图4-91　昆虫的动画造型设定　高思杨（中国）

4.6.1　头部的造型

　　昆虫的头部都很小，与其形成鲜明对比的是头部上两只大大的眼睛，例如蜻蜓、蜜蜂等。在设计昆虫头部造型时，可以多用圆形做概括，如果有反面角色，可以尝试以三角形作为脸型。有的昆虫头部还覆盖有多层的甲壳，或者许多纹理，这些都是它们的特点，可以在设计时抓住几个鲜明的特点进行着力刻画和夸张变形，最后达到动画角色需要的效果，如图4-92～图4-94所示。

图4-92　昆虫头部的动画造型设定（1）　高思杨（中国）

图4-93　昆虫头部的动画造型设定（2）　高思杨（中国）

图4-94　昆虫头部的动画造型设定（3）　高思杨（中国）

4.6.2　手和足的造型

　　现实中昆虫的手很小，肉眼很难分辨，比如蚊子、苍蝇和蜜蜂等昆虫，它们的手仅仅是针尖大小的直线造型而已。如果在动画片的造型中也按照现实中它们手部的造型来画，那样画面效果会很难看。可以在设计昆虫手部造型的时候加入些夸张的元素。比如把它们的手设计成3根手指或者4根，或者给它们的手设计一个手套，给脚部设计一双鞋子，或者把脚部设计成简单的几何造型。这样，手部就可以进行表演了，也可以抓东西，以符合动画片中剧情的需要，如图4-95所示。

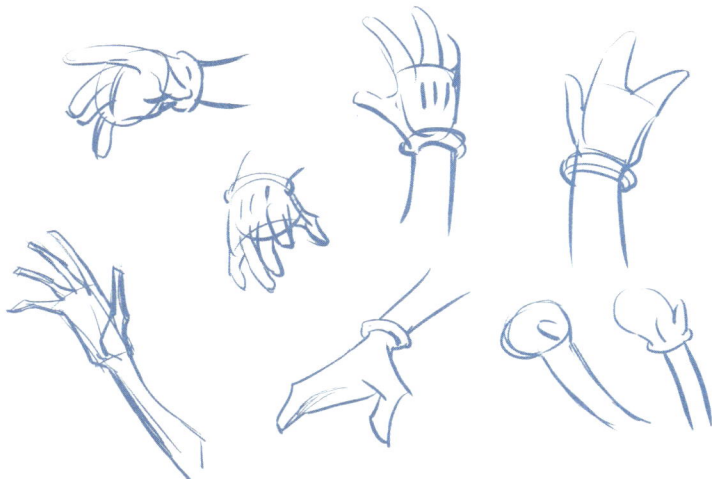

图4-95　昆虫手部的动画造型设定　高思杨（中国）

4.6.3　表情的塑造

　　昆虫的表情变化主要靠它们那双大大的眼睛，因为这双眼睛占据了脸部大部分的位置，嘴部的表情变化反而不是那么重要和抢眼了。在设计昆虫的表情时，可以多设计些眼神的变化，如开心、伤心、发呆、猜疑、惊恐等，如图4-96所示。

图4-96　昆虫的表情设定　高思杨（中国）

4.7 幻想类角色造型的具体方法

由于幻想类的角色完全是凭空想象出来的，所以在设计造型的时候可以更加大胆，太过拘束或者考虑得太多反而会阻碍思维的扩散。纯粹的凭空捏造有些不切实际，毕竟幻想类题材有很多元素都是用真实世界中的元素加以改变而成的。在设计这类角色造型时可以取一些可以激发灵感的素材做参考，或者众多素材相组合，也许会有意想不到的效果，毕竟想象力是有限的，而有时一个形象或者一个小小的元素可以激发人的想象力。不论用哪种思维方式，角色的结构一定要严谨，要让观众相信这个角色是存在的，用这种自圆其说的存在感带领观众走进幻想的世界，如图4-97和图4-98所示。

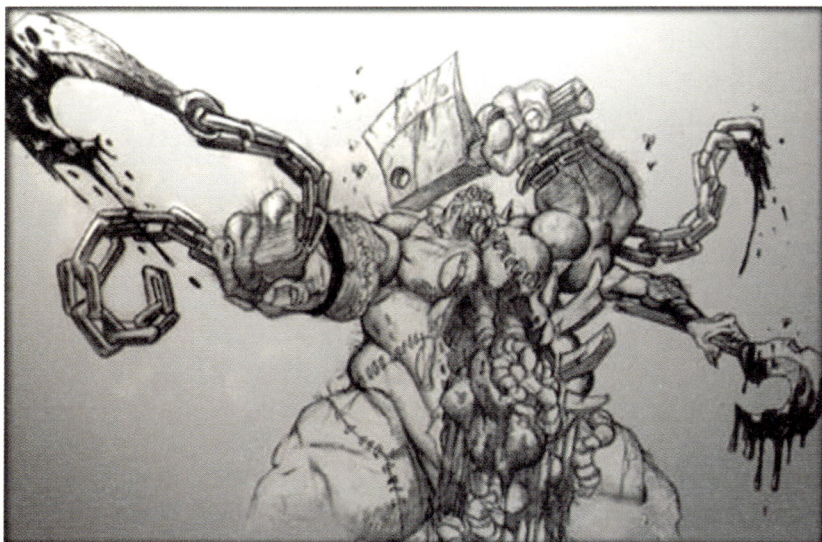

图4-97 幻想类角色设定（1） 暴雪娱乐（美国）

图4-98 幻想类角色设定（2） 暴雪娱乐（美国）

4.7.1　机器人造型

　　机器人的造型是相当复杂的，设计时可以参考人类或者动物的骨骼，然后加入工业设计方面的元素，多元化的素材相叠加，设计出的效果会更有说服力。但是切记不要设计得太过复杂，否则原画和动画的工作量将会变得相当庞大，如图4-99～图4-104所示。

图4-99　动画片《机动战士》机器人角色造型设定（1）　GUNDAM（日本）

图4-100　动画片《机动战士》机器人角色造型设定（2）　GUNDAM（日本）

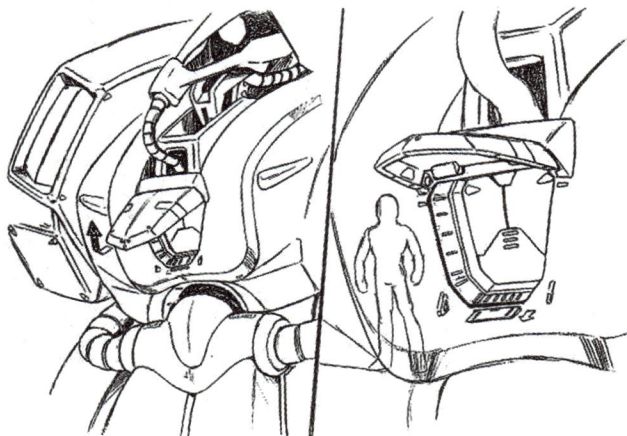

图4-101　动画片《机动战士》机器人角色造型设定（3）　GUNDAM（日本）

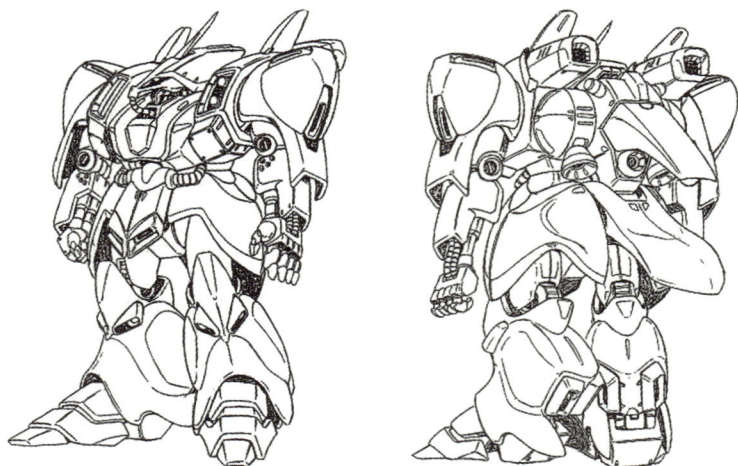

图4-102　动画片《机动战士》机器人角色造型设定（4）　GUNDAM（日本）

图4-103　动画片《机动战士》机器人角色造型设定（5）　GUNDAM（日本）

图4-104　动画片《机动战士》机器人角色造型设定（6）　GUNDAM（日本）

4.7.2　精灵和怪物

　　精灵和怪物这类题材兴起于20世纪，是托尔金所著的《龙与地下城》系列小说作品中的元素。同机器人角色造型的设计思路相差无几，以现实世界中的昆虫、动物甚至植物身上的元素为灵感来源，相互拼接，最终会有意想不到的效果。例如精灵的造型可以用人类加上蝴蝶的翅膀，半人马的造型可以用人类的上半身加上马的下半身，狮鹫的造型可以混合鹰与狮子身上的元素等，如图4-105～图4-107所示。

图4-105　怪物动画角色设定

图 4-106　精灵与怪物动画角色设定　Windling（法国）

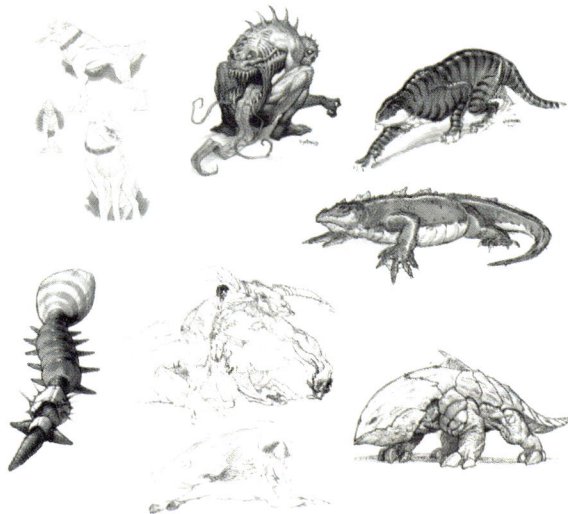

图4-107　怪物的动画角色设定

4.7.3 科幻类角色

科幻类角色主要以外星生命体以及未来科技为主，在设计科幻类角色时，要掌握以下要素：机械、科技、怪物、神秘感。科幻类的动画给观众带来的通常是视觉上的刺激、恢弘的主题、酷炫的造型，以及令人眼花缭乱的特效。科幻类角色的设计一定要符合科幻类动画的这些特点。设计科幻角色造型时，可以尝试用各个时代不同的元素进行拼接、变形，例如在中世纪的盔甲上加入一些未来科技，或者将机器人和人类进行结合，设计出半机械半人类的角色。最后，只要坚持结构准确、剪影效果出众的理念，这类角色就能跃然于纸上了，如图4-108～图4-111所示。

图4-108　科幻类动画角色设定（1）　高思杨（中国）

图4-109　科幻类动画角色设定（2）　高思杨（中国）

图4-110　科幻类动画角色设定（3）　高思杨（中国）

图4-111　科幻类动画角色设定

本章小结

　　本章主要对二维动画角色设定的步骤进行了深入讲解，对各种类型的角色造型做了细致的分析和阐述，通过步骤图一步步指导读者如何从构图到细致深入地刻画，直到完成最后角色设定图的过程。

训练和课后研讨题

　　（一）训练题

1．完成5～10张人物角色设定图。

2．完成1张人物角色转面图。

3．设定6个不同表情的角色表情设计。

4．设定2个动物角色造型。

　　（二）课后研讨题

　　研究人物以及动物的造型结构，对不同身材比例的人物进行临摹并最终达到熟练掌握的程度，思考人物造型和动物造型之间的相似之处，探讨如何将这些相似之处运用到动画造型的设定中。

第5章
服装与服饰的表现技巧篇

5

主要内容:

● 本章阐述服饰在二维动画美术前期设定中的地位及作用,并讲解古今中外服饰的结构特征,使学生能够对其有基本的了解,并结合实例重点讲解代表性服饰的表现方法。

重点难点:

● 了解古今中外服饰的基本特征是本章的学习重点,如何按角色生活的时代及性格特征绘制其服饰是本章的难点。

学习目标:

● 通过本章的学习使学生能较熟练地为二维动画影片中的角色绘制符合其性格特征的服饰。

5.1 服装服饰在二维动画美术前期设定中的地位及作用

成功的服装服饰设计可以增加角色的视觉冲击力与感染力,并且可以激发观众的联想。服装服饰不仅有助于将动物或者物品进行拟人化,而且是动画角色内在与外在表现的一个完美契合点,恰当的服装设计不仅可以贴切地体现角色的年龄、性别、性格、职业、社会地位、经济能力以及审美取向,同时有助于观众对角色的理解记忆。

经典的角色造型中,服装服饰往往也是其标识性元素,具有象征及标识作用。即使仅凭服装,观众即刻便能想起与其相关的经典角色。服装使角色个性突出,更易识别,是角色性格内涵的载体。《大闹天宫》是我国的经典动画,在角色设计过程中,参考了戏曲中孙悟空的服饰与脸谱,同时参考了民间版画中的造型。如今齐天大圣孙悟空的形象早已深入人心,如图5-1所示。《哆啦A梦》的服饰非常简单,哆啦A梦是未来世界的机器人保姆,出厂时他的服装与身体是一体的,唯一突出的服饰造型就是他肚皮上的百宝小口袋。小口袋不单满足了剧情的需要,也成为哆啦A梦这一经典角色的重要标志,如图5-2所示。

图5-1　动画片《大闹天宫》　万籁鸣(中国)

服装服饰的设计不仅可以交代角色所处的时间、地点等诸多因素，也是整个影片所处时代背景的具体体现。贴合时代的服装服饰设计不仅能够增添影片的真实感，使观众对角色更加信服，同时增添了影片的文化价值。

服饰对角色造型的构成有着至关重要的影响，不同的服装风格，对造型语言有着巨大的差异。服装服饰的设计影响着动画造型的比例关系、形态关系、整体效果以及与场景的组合关系。服饰的设计影响着整个影片的风格。相同的人物与场景，配以不同风格的服饰设计，会产生出不同的效果。有时为了彰显影片的喜剧效果，往往设计出与周围环境背道而驰的服装服饰，可见服装与服饰在影片中还有着调节影片氛围的作用。动画片《疯狂约会美丽都》里祖孙二人的服饰代表了各自年龄阶段的服饰特点，奶奶为了平衡她的长短腿，在鞋子上做了特别的设计，看似不太和谐的两只鞋子，却达到了让观众忍俊不禁的幽默效果，如图5-3所示。

图5-2　动画片《哆啦A梦》　藤子不二雄（日本）

服饰不容忽视的一个作用是审美。角色服饰设计的基础是和谐，而有着独特美感的角色服饰必定会给观众带来一种视觉的吸引与享受。具有美感的服饰设计可以提升角色的形象，为观众带来愉悦的心情，更具艺术性与观赏性，甚至可以成为影片的亮点之一。动画片《公主与青蛙》中服饰清新而华美，颜色柔和，蓬起的裙摆沿用了迪斯尼动画中公主造型的一贯风格，设计元素为树叶与花朵，造型融合了现代礼服的造型风格，突破了以往公主们的蕾丝花边与泡泡袖，使角色更加时尚而不失浪漫，给观众以耳目一新的视觉感受，如图5-4所示。

图5-3　动画片《疯狂约会美丽都》　西维亚·乔迈（法国）

图5-4　动画片《公主与青蛙》　迪斯尼（美国）

5.2 各国各民族服饰的结构特征

各个国家以及地区的民族服装有着强烈的本国特征与时代特征。服装服饰是一个地区的民族文化的重要组成部分，受到历史、宗教、习俗等诸多因素的影响，呈现出各自独特且丰富的结构特征。对于角色的塑造，不仅要了解其所处的时代与民族的着装特点，更应按其需要，设计符合角色身份以及性格的服装服饰。

5.2.1 古代服饰

国内外的历史时期均有其独特的流行风格来代表其所属的时代。服装服饰在我国古代有权势与地位的象征作用，统治者对于着装有着严格的规定，服饰的选择必须符合穿着者的身份，各个历史时期甚至对服饰颜色的选择都有着严格的规定。

帝王服饰是权势与地位象征的极致，龙袍是其典型代表。我国古代任何时期的帝王都身着带有龙纹图案的服装，如图5-5和图5-6所示。龙代表了天子，代表皇权天授，而黄色作为帝王专属颜色确立的时间是唐代。自明、清以来，龙袍的主要特点演变为灿烂的明黄色、龙花纹以及祥云图案。

朱元璋建立明朝后，官员的服饰制度达到了最完备繁缛的地步。明代的每级官员都身着带有动物图案标记的服装，图案绣在两块正方形锦缎上，前后各缀一块。文官专用飞禽，武官绣猛兽，这种官服称为补。明朝补上所绣动物成对，发展到清朝则只绣一只，如图5-7所示。

图5-5 动画片《龙母传奇》粤动传媒有限公司及日月文化公司（中国）　图5-6 动画片《哪吒》商纣王角色设定（中国）

品级 朝冠顶戴 装饰		一品 东珠1颗 红宝石	二品 小宝石1颗 镂花珊瑚	三品 小红宝石 蓝宝石	四品 小蓝宝石 青金石	五品 小蓝宝石 水晶	六品 小蓝宝石 砗磲	七品 小水晶 素金	八品 阴文镂花金顶 无	九品 阳文镂花金顶 无
图饰	文官	仙鹤	锦鸡	孔雀	云雁	白鹇	鹭鸶	鸿漱	鹌鹑	练雀
	武将	麒麟	狮	豹	虎	熊	彪	犀牛	犀牛	海马

图5-7 官补图示对照

平民服饰在各个时期均有不同，概括多简约朴实。文人常身着长袍宽袖，尽显儒雅。《梁山伯与祝英台》的服饰参照古代书生的基本装扮，而手执折扇也是我国古代文人的显著特点之一，如图5-8所示。孔子是春秋战国时期的人物，动画片《孔子》中角色服饰的设计以简朴平实为主，头上的方巾为我国古代男子服饰的特点之一，如图5-9所示。农民服饰多短衣短袖，服饰设计极其简洁，常以实用、便于劳作为主，如图5-10和图5-11所示。武士或者射手一般衣着为紧袖布衣或者盔甲，以便于活动或者易于防身为主要特点。

图5-8 动画片《梁山伯与祝英台》 蔡明钦（中国台湾）

图5-9 动画片《孔子》 赵先德（中国）

图5-10 动画片《龙母传奇》 粤动传媒有限公司及日月文化公司（中国）

戏剧服饰往往因其剧种而各有差别，清代以后日趋成熟。各类剧种带有浓郁的地方性色彩，如京剧所代表的一派服饰，图案古朴而色彩浓郁，纹绣十分密集。越剧的服饰色彩淡雅，纹绣简练，粤剧的装饰则色彩鲜明常缀以亮片等。《霸王别姬》本为京剧名段，此动画短片的人物角色吸取了皮影等民族元素，将其与京剧服饰进行了很好的融合，如图5-11所示。动画片《空城计》将京剧服饰进行了简化提炼，与更加简洁的场景形成了一种别有韵味的艺术效果，如图5-12所示。

图5-11 动画短片《霸王别姬》 刘艺（中国）

图5-12　动画短片《空城计》　艾琳（中国）

　　欧洲古典服饰的风格主要分为拜占庭风格、哥特式风格、巴洛克风格和洛可可风格。正是由于罗马帝国的东迁，使得有机会出现融合于东西方艺术形式的拜占庭服饰。拜占庭服饰强调镶贴艺术，多缀以夺目的珠宝以及华丽图案的刺绣，营造出既融合东西方艺术又充满华丽感的服饰，如图5-13所示。哥特式风格主要体现在高的帽子、尖头的鞋以及衣襟下端呈尖形和锯齿等锐角形态的设计。裙摆成纵向多褶皱的造型线，往往给人一种修长的感觉，如图5-14所示。动画片《吸血鬼猎人D》将哥特式风格与骑士风格相融合，保留了哥特式的尖角，角色与马匹用皮带做修饰，为观众呈现出一种危险、冷酷的感觉，如图5-15所示。

　　巴洛克风格的服饰往往配以大量的蕾丝、花边，还有繁缛奢华的装饰，如丝带、珠宝、羽毛等。巴洛克风格的裙装具有强烈的体积感，多褶皱的裙摆使下群造型饱满，如图5-16所示。洛可可艺术风格的服饰强调C形、S形和漩涡花纹，趋向优雅细致，装饰意味浓厚，尤其注重细节的处理，比如边角的花纹与装饰。动画片《交响情人梦》是典型的洛可可风格服饰，女性裙摆被撑起，无论男女的袖口都带有精致的花边，动画角色的服饰设定一般不拘泥于某种细化的风格，动画角色的服饰设计往往取材多种服饰的适宜特点，如图5-13～图5-17所示。

图5-13　动画片《蒸汽男孩》欧洲古典风格服饰　大友克洋（日本）

图5-14　动画片《时间飞船》　井方（日本）

图5-15　动画片《吸血鬼猎人D》　川尻善昭（日本）

图5-16　动画片《KOFXI》　SNKP（日本）

图5-17 动画片《交响情人梦》 J.C.STAFF制作团队（日本）

5.2.2 现代服饰

现代服饰范围日趋广泛，既包含简单方便的日常生活服饰，也包含抽象的设计，还包含功能性服饰，如运动服、泳衣等。

（1）日常生活服饰的特点是简洁大方、美观实用。日常生活服饰不会设计得过于夸张，没有代表性的花纹和独特的特点，亲和力较强，宜于被人们所接受。日常生活服饰受众群体广泛，任何人都适于穿着，是现代社会的主流服饰。日常生活服饰设定，如图5-18所示。

图5-18 动画片《女生万岁》服饰设定 苍井启（日本）

（2）西装通常是企业、政府工作人员以及上班族在正式场合着装的首选，常给人以绅士、风度翩翩、权威之感。西装外形坚挺，线条流畅，设计简约。西装作为一种独特的服装已经融合于现代服饰中，成为现代服饰不可或缺的一部分。在动画角色设定中，有时也会用西装表现人物木讷、刻板的性格特征，如图5-19所示。

（3）礼服顾名思义为在特殊礼仪场合穿着的服饰，礼服具有高贵、典雅、正式等诸多特征。服装的风格、颜色与配饰设计严谨，常见于高级宴会、商务宴会、舞会、婚礼等隆重场合。

（4）运动服的最大特点是设计简洁、宽松舒适或者贴合形体，不仅用于体育锻炼，同时常见于日常穿着。专用于体育竞赛的运动服通常因其竞赛的项目有着独特的设计特点，如田径运动服一般以贴合形体的背心和易于跨步的短裤为主，而水上运动服以紧身泳衣、泳帽为主，借以减少运动员在水中的阻力。

（5）校服是学校统一规范化的学生服装，样式通常有运动服、制服、水手服或者旗袍等。有些国家的校服还包含鞋子和袜子。校服是最能表现青少年特征的一种服饰，非常突出青少年的

图5-19　动画片《龙珠》　鸟山明（日本）

青春气息，同时可以明确地标识青少年的学生身份。校园题材的动画片中常常出现身着校服的动漫人物，校服已经是动画角色的服饰设计中不可或缺的一个组成部分。动画片《网球王子》的校服包含各种风格，立海众人的校服类似于运动服，青春气息浓厚，如图5-20所示。而风格完全不同的青学众人的校服更接近日本的日常校服样式，造型类似于制服，非常得体，符合这个年龄段角色的审美需求，如图5-21所示。

图5-20　动画片《网球王子》　滨名孝行（日本）

图5-21　动画片《网球王子》　滨名孝行（日本）

（6）时装的款式新颖，每个时期都有其独特的流行趋势。时装设计的变化性强，造型的标新立异是其突出特点。时装符合时代的流行趋势，与时代变化的需要相吻合，是服饰在某个时期膜拜的对象，同时时装也代表了服饰在特定时间内的潮流。军装因国别分为不同种类与形态，但作战类军装都趋向于绿色或者其他环境色。特殊场合要着以与场合相吻合的军装，军种不同着装不同，季节不同着装也各有差异。

5.2.3　民族服饰

　　民族服饰是服装文化的一个重要组成部分，其种类繁多，文化内容丰富，极具各民族独特的个性，是设计具有民族特点角色的主要外在特征。我国是世界上民族最多的国家之一，56个民族有着自己独特的民族文化，这大大丰富了动画片的取材范围，在动画角色的设计上，可以直接取材于其所在的民族服饰，使其更具文化性和观赏性。动画片《星际宝贝》中角色头上的花朵以及绿色的草裙，充分地体现了夏威夷风情，如图5-22所示。动画片《Supertromp》中顶头巾小男孩则具有典型的阿拉伯男子的服饰特征，如图5-23所示。

图5-22　动画片《星际宝贝》　克里斯·桑德斯（美国）

图5-23　动画片《Supertromp》　ANNECY国际动漫节

　　（1）傣族男子的服饰一般差别不大，简单朴素，下身多穿无兜的衣服，用布做头巾是一大特点，常赤足。傣族女性衣着讲究，上身为紧身袖衫，下身为筒裙，筒裙腰身纤巧，下摆宽大，上面着以各色花纹，常给人以婀娜多姿的感觉。傣族女性喜爱将秀发盘成发髻，在发髻上穿插发簪或鲜花等物品做装饰，如图5-24所示。

　　（2）藏族的传统服装为长袍，冬穿为长袖长袍，夏穿为无袖长袍，袖子宽大，易于穿脱，如图5-25所示。女子腰前系有彩色的条纹裙，常排列式构图。藏族无论男女皆爱佩戴饰品，饰品质地丰富，不拘泥于材料。"哈达"为藏族最珍贵的礼物。动画片《精灵女孩小卓玛》腰前的彩色围裙是其最突出的特点，如图5-26所示。

图5-24　傣族服饰

图5-25　动画片《精灵女孩小卓玛》　汤继业（中国）

图5-26　动画片《精灵女孩小卓玛》　汤继业（中国）

（3）蒙古族服饰包括长袍、腰带、靴子以及配饰等，因地区差异在样式上各有不同。腰带是蒙古族服饰的重要组成部分，长约3～4米。男子常在腰带上挂刀子、鼻烟盒等饰物。蒙古靴做工精细，靴帮及靴面有精美的花纹。动画片《勇士》中男主角腰间缠绕腰带，并挂有佩刀，一双蒙古靴民族风味十足，是一个典型的蒙古族武士，如图5-27所示。

图5-27　动画片《勇士》　王加世（中国）

（4）苗族服饰的图案大多取材于生活，善于选用强烈的对比色彩，一般以黑、白、红、黄、蓝为主，构图注重整体感。百褶裙是苗族裙装的一大特色，一条裙子上的裙褶多达500个且层数繁多，有的甚至达到三四十层。苗族以银制品为主要饰品，品种繁多，如银扇、银围帕、银发簪、银顶花、银网链、银花梳、银耳环等。盛装的苗族姑娘会佩戴银花冠和多层的银项圈、银锁，不单如此，还要佩戴前后都由银饰组成的银披风等，如图5-28所示。

图5-28　苗族服饰

图5-29　印度服饰设定　高思杨（中国）

（5）印度女子的服装较为艳丽，纱丽是最具民族特色的服饰，常与紧身上衣搭配。穿着纱丽时，要先穿紧身上衣，手臂与腰可以裸露在外，下身配以衬裙或者短裤，最后披上纱丽。纱丽的披戴方式多种多样，最为常见的方式是在腰间缠绕、打褶最后披在肩上。纱丽上的刺绣、花纹带有很强的装饰性，有些纱丽上还缀以珠宝、亮片等装饰，使纱丽耀眼夺目。纱丽松垂的造型有助于拉长身体的比例，使人看起来修长、窈窕，身着纱丽的女子是印度一道亮丽的风景，如图5-29所示。印度男子的民族服饰是尼赫鲁服。这种服饰类似于"中山装"，成排的扣子是其特点。

（6）和服是日本的民族服饰，和服的种类繁多，依据不同场合与需要，人们常常会穿着不同种类的和服。男性和服色彩较为单调，款式较少，腰带细而附属品少，穿着较为方便，如图5-30所示。女性和服色彩缤纷艳丽、种类繁多，腰带宽而附属品多，穿着较为麻烦。身着和服常与木屐相配，同时不同种类的和服要配以不同的发式。和服造型以直线为主，用直线来创造服装的美感，缺少对人体曲线的显示，但是同时也营造出一种端庄、安稳、宁静之感，这与日本的民族文化相吻合。和服的左襟和右襟的盖法是有讲究的，在世的人的穿着是左边盖住右边，已故之人穿着时右边盖住左边，进行角色设计时，应注意避免这种错误。《樱花大战》中人物的服饰基本取材于日本的传统服饰，因剧情需要，角色的发饰设计较为简洁，如图5-31所示。《死神》将日本传统和服与现代设计进行融合，创造出一种适合动画风格的日式武士服装，如图5-32所示。

图5-30　动画片《三度目の绝望》（日本）

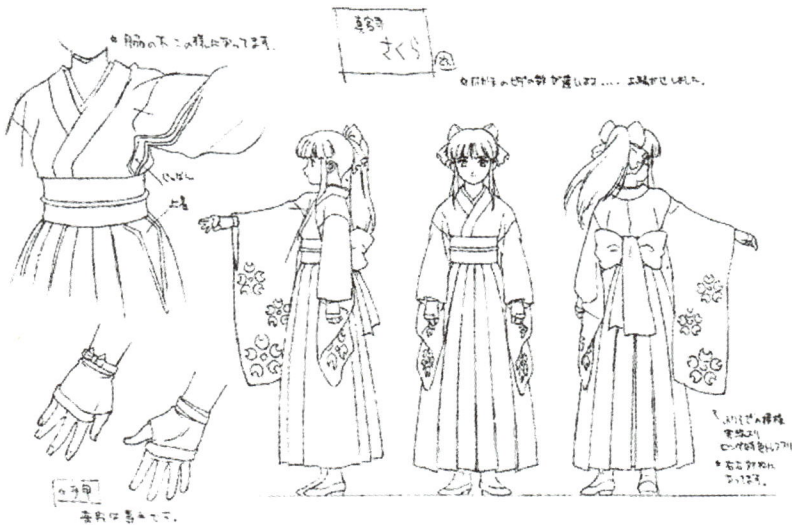

图5-31　动画片《樱花大战》　广井王子（日本）

图5-32 动画片《死神》 久保带人（日本）

　　（7）韩服的特点是设计简单，颜色繁多而无口袋。韩服有三大设计特色，即袖子的曲线、半襟、群的形状。女性韩服上身短，下裙长，颇有端庄娴雅之感，而服装上面的长带垂落在裙子前，也有一定的装饰作用，如图5-33所示。动画片《Empress Chung》中角色胸前带子所系的形状具有典型的民族特点，裙子的腰线很高，因为角色系围裙的原因，裙子没有蓬起来。男子所戴的帽子，也是韩国特有的形状，如图5-34所示。

图5-33 韩国传统服饰

图5-34 动画片《Empress Chung》 Nelson Shin（韩国）

5.2.4 幻想类服饰

　　幻想类服饰包含外来世界生物着装、未来世界的服装以及虚构的神话服装。机器人服饰最显著的特点就是服饰几乎全部由金属制成，如变形金刚，如图5-35所示。也有不拘泥于机械形式的机器人，类似于仿真机器人，其着装与人类服饰无显著差别。动画片《人形电脑天使心》里的机器人姐妹的服饰十分接近人类穿着，是日本非常流行的洛丽塔风格的简化版，如图5-36所示。

图5-35　机器人服饰

图5-36　动画片《人形电脑天使心》　浅香守生（日本）

吸血鬼服饰以黑色和红色为主流颜色，大部分吸血鬼所塑造的都是绅士、冷艳绝美的形象。服饰多以欧洲中世纪服饰为参考，常见于哥特式风格。蝙蝠侠的服饰最突出的特点是黑色披风与带耳朵的半遮面黑色面具，以及胸前的蝙蝠标志。动画片《蝙蝠侠》沿用了一贯的经典服饰，在手套上做了细微装饰，紧身的上衣将角色衬托得更加强壮，如图5-37所示。

来自外来世界的生物也就是所谓的外星人，外星人的服装没有固定的定式，完全依靠人类想象，有时还添加一种科技感。人们运用自身的想象以及剧情的需要来设计外星人所穿着的服饰，如机械式、武装式、唯美式或者和人类服装相同的普通样式。《星际宝贝》中外星人服装的设计并不夸张，但是肩膀处的披风却颇费心思，类似于装饰化了的盔甲，金与黑色的运用烘托出它在外星人中特别的权威地位，如图5-38所示。动画片《精灵女孩小卓玛》中的白骨精服饰夸张、妖媚，在裙摆与衣领处做了着重设计，如图5-39所示。

图5-37　动画片《蝙蝠侠》　Yasuhiro Aoki/Futoshi Higashide（美国）

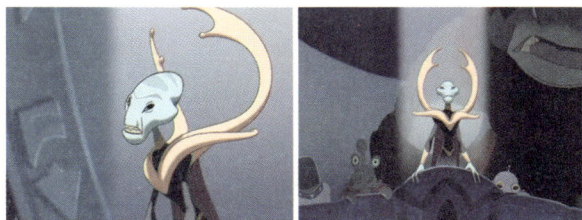

图5-38　动画片《星际宝贝》　克里斯·桑德斯（美国）

图5-39　动画片《精灵女孩小卓玛》　汤继业（中国）

5.3 各类角色服饰的表现方法

5.3.1 人物角色服饰表现

人物角色的服饰在设计之初最先要考虑的就是人物的性别。男性服饰一般给人以简约之感，设计服饰时，要尽量突出其男子性别，尤其一些英雄类角色的塑造，更应该反复思量，多做设计以寻求最好的方案。女性服饰的选择面非常广泛，设计角色的造型时，应注意流线型软线条的应用，以突出女性角色特有的柔美。

影响角色造型的另一关键性元素就是性格，性格的趋势直接影响到角色服饰的选择，而服饰的设计也应服务于角色的性格。动画片《哈尔的移动城堡》塑造了十分鲜明的人物角色性格，下面就此案例逐一进行分析讲解。苏菲是影片的主要角色之一，苏菲是一个坚强、独立、勇敢、朴实又有些内向的少女。在其服饰设计时，充分体现了朴素这一特点，服装中庸略显沉闷，颜色中性，纯度低，显示出一种稳重的感觉。在她帽子的设计上也是极尽简洁，唯一还能表明其年龄特征的就是粉红色的帽带和头发上淡粉色的蝴蝶结，如图5-40所示。在苏菲变成老年的时候仍然戴着这顶帽子，这顶帽子也为苏菲角色的两种转变起到了穿针引线的作用。老年苏菲的服装较之前更加暗了一个色调，灰蓝色的裙子，暗紫色的围巾，唯一能突显其少女心思的仍然是那顶系有粉红帽带的朴素的帽子，如图5-41所示。

图5-40 动画片《哈尔的移动城堡》（1） 宫崎骏（日本）

图5-41 动画片《哈尔的移动城堡》（2） 宫崎骏（日本）

苏菲的妹妹贝蒂的性格外向，甜美可人，在影片中扮演一个人见人爱的备受男性青睐的售货员。在贝蒂的服饰颜色上选用了纯度高的粉红色裙装，可爱的公主袖，配以白色有着荷叶花边的围裙，甚至围裙的后面还要打一个大大的蝴蝶结。她同时佩戴了大而鲜明的红色耳环。这些服饰的搭配将贝蒂外向而追求时髦的性格很好地体现了出来，如图5-42所示。

图5-42　动画片《哈尔的移动城堡》（3）　宫崎骏（日本）

哈尔是影片的男主角，作为影片的男一号他有着帅气的外表，有礼貌，很绅士还爱漂亮，勇敢与怯懦并存，还有一点可爱。哈尔出场时身着简洁的白色衬衫与黑色裤子，但是白衬衫的设计颇费心思，衬衫胸前有着圆弧形褶皱，领口敞开，胸前还佩戴了非常漂亮的蓝宝石项链。哈尔还身披了一件造型简单但是用色时髦活泼的粉蓝相间的外套，配以金色的头发，一个"王子"的形象跃然于观众眼前，如图5-43所示。当哈尔与邻国激烈交战之后回到城堡时，他的服饰发生了变化，依然身披外套，但是外套简单而不见了张扬的颜色，转变成灰白色，这与他此刻内心的感情是相配的，在夜晚的这个时刻，影片展示了一个疲惫、复杂、在此刻略显孤单的另一面的哈尔，如图5-44所示。当苏菲挪动了哈尔的物品使魔法失灵之后，哈尔的头发变成了黑色，为哈尔性格的转变做了铺垫。在与苏菲交谈之后，哈尔变得勇敢、坚定，不再逃避了，这一时期的服装做了一些微妙的变化，白衬衫上的流线型褶皱已经去掉，装束变得简单、平实，保留了哈尔所佩戴的耳环，但是将他的蓝宝石项链放了衬衫的里面，服饰如此转变，不仅是因为哈尔性格的改变，也是为了在复杂场景中突出主要人物而做的调整，如图5-45所示。

图5-43　动画片《哈尔的移动城堡》（4）　宫崎骏（日本）

图5-44 动画片《哈尔的移动城堡》（5） 宫崎骏（日本）　　　　图5-45 动画片《哈尔的移动城堡》（6） 宫崎骏（日本）

　　荒地女巫是这个影片的主要配角之一，年轻时的女巫不可一世、心狠手辣，在服饰的处理上选择了雍容华贵的毛皮大衣，配以桃红色头发，配饰为红色折扇、红色项链与耳环，甚至涂了红色的指甲油，为人们呈现了一个贵妇般的形象，非常符合女巫招摇的性格，如图5-46所示。第二阶段是女巫失去了魔法，变成了一个普通、平凡的小老奶奶，此时她的性格已经发生了改变，失去了强悍的魔法之后，女巫一直受到苏菲的照顾，此刻已经显得慈祥甚至有一点可爱了。在这个阶段女巫的服饰有了非常大的改变，穿起了普通平凡的服装，颠覆了上一阶段她不可一世的性情，作者仍然让角色佩戴了红色的耳环、涂红色的指甲油，使观众对两种角色的转变有一种视觉的联系，更易被人们从心理上接受，如图5-47所示。

　　皇家魔法师莎丽曼有着强大的魔法和至高的权利，在服装上采用了大红色以突出她的权势，如图5-48所示，并佩戴了非常夸张但很大气的蓝宝石项链，整体造型给人以端庄、华丽、正统的感觉，如图5-49所示。

图5-46 动画片《哈尔的移动城堡》（7） 宫崎骏（日本）

图5-47 动画片《哈尔的移动城堡》（8） 宫崎骏（日本）

图5-48 动画片《哈尔的移动城堡》（9） 宫崎骏（日本）

图5-49 动画片《哈尔的移动城堡》（10） 宫崎骏（日本）

　　英雄类人物角色服饰的设计一般有以下几个元素：首先衣装合体，也可以设计紧身的上衣以突显其发达的肌肉，服装的装饰性花纹非常少，也可以没有，而佩戴披风可以增强其高大形象。其次是神秘感的塑造，根据剧情需要，英雄类人物可以增加一些蒙面饰品的佩戴，或者用压低的帽檐来增加神秘感。古代的英雄类角色可以设计出其所用的武器，弓箭或者刀具的运用可以更加鲜明地表现出其特殊身份。动画人物身着黑色披风的设计并不少见，而《佐罗的传说》面具的形状与他所持的武器，将他与其他动画人物明显地区分开来，白衬衫上的褶皱是欧洲中世纪服饰的特点之一，如图5-50所示。《三国演义》的服饰在很大程度上遵从于历史，刘备的服饰设计大气，仪表堂堂，关羽的绿袍青帽是其最大的特点，而张飞的服饰主要为盔甲，三人服饰各有不同，将其身份与性格非常明显地展露出来，如图5-51所示。

图5-50 动画片《佐罗的传说》 箕ノ口克己（日本）

图5-51　动画片《三国演义》　朱敏（中国）

人物角色服饰的设计必须与周围环境与气氛相吻合、协调，否则会显得突兀。动画角色在进行野外活动或体育比赛时，服装的颜色应鲜明，如无特殊需要，尽量减少饰品的佩戴，可以佩戴一些运动饰品，如护腕、遮阳帽等，给人以热烈、振奋的美感。古代角色的造型可以收紧服饰的袖口，将长发扎起，增添头带等饰物。动画角色在办公场合出现时，服装的颜色以庄重、素雅的色调为佳，造型要简洁干练，显得精明能干而又不失稳重矜持，与周围工作环境和气氛相适应。

舞会中的角色服饰设计趣味性很足，可以尝试各种造型。服装的设计可以增加一些装饰性元素，比如裙摆的蕾丝花边、漂亮的腰带等。珠宝等配饰的运用可以多一些。耳环与发间的装饰最好与服装进行搭配，造型与颜色都要与服装相吻合，切忌过于繁杂，当然，特殊性格的角色要另行考虑。处于舞会场合中的动画角色可以根据情节的需要设计一些面纱或者面具，男性的服饰可以添加腰带、领结，或者在袖口处添加花纹，使其符合舞会的整体氛围。动画角色在居家休闲的情况下，服装的造型可以轻松活泼一些，式样选择既可宽大轻便也可以设计得时尚一些，可爱或者帅气的服饰可以增加观众对角色的喜爱，样式普通却亲切的服饰可拉近观众与动画角色的心理距离，增添一种温馨感。

5.3.2　幻想类角色服饰表现

幻想类角色是作者根据剧情的需要虚构出来的。角色的造型并不受某种限制，在服饰的设计上，只要符合其性格与影片的环境背景，具体的造型可以不拘泥于某些形式。浪漫唯美的风格常运用一些流苏、刺绣的图案进行服装的装饰，女装的设计上一般会将女性的美感体现到极致，丝带的运用可以增加女性的柔美，也可以根据剧情为角色设计出透明或者羽毛状的翅膀。男装可以增加一些装饰性元素，服装选用长袍，甚至可以佩戴一些首饰来增加浪漫气息。动画片《犬夜叉》中杀生丸是妖，但是角色造型与人类无异，服饰取材于日本传统服饰，但是用了大量的装饰性元素，袖口与肩膀处用了带有花纹的大红颜色进行装饰，同时配以毛皮披肩，腰带更是设计了一款日本传统男子绝不会佩戴的黄底紫花的样式，如图5-52所示。动画片《宝莲灯》里神仙的服饰造型也取自中国古代，颇有民族风味。二郎神肩上的披风设计得类似于盔甲，使人隐约感觉得到他武将的身份，而土地公公的服饰颇像古代的老员外，让人倍感亲切，如图5-53所示。

图5-52　动画片《犬夜叉》　高桥留美子（日本）

图5-53　动画片《宝莲灯》　常光希（中国）

5.3.3　动物服饰表现

　　动物服饰的设计同样没有过多的限制，作者可以任意想象，可以以自然界的物品做服饰，如树叶、鲜花、羽毛等，也可以参考人类的服饰，为动物穿上人类着装。动画片《麦兜的故事》中，小麦兜背着小书包，头上歪带着可爱的鸭舌帽，十足是一个刚上学的学生。麦太太身穿居家的服装，围着带花边的绿色围裙，朴素而温馨，如图5-54所示。迪斯尼的系列经典角色完全以人类服饰定位，使角色的个性更加鲜明多样，深入人心，如图5-55所示。

图5-54　动画片《麦兜的故事》　袁建滔（中国香港）

图5-55　动画角色设定　迪斯尼（美国）

5.3.4　拟人化角色服饰表现

　　拟人化角色的服饰可以将其自身的特点，与人类着装相结合，这样既保留了自身的特性，同时又很好地进行了角色的拟人化。动画片《美女与野兽》中一系列的茶具、烛台、钟表都是城堡的仆人，在它们的服饰设计上并没有出现明显的人类服饰，而是以自身固有的元素，尽量贴合人类的着装特点。茶壶妈妈的壶盖儿在角色的整体设计中，起到了帽子的作用，茶壶的底座被略微拉长，类似人类的裙摆。壶盖儿与底座画着精美的花纹并采用鲜艳的色彩，可以让观众感觉到茶壶的性别。小茶杯的底座造型类似于茶壶，并且绘有相同的花纹，显示了它与茶壶的母子关系，既可爱又自然。拖把上的布条被巧妙地设计成迷人的裙装。烛台上的大蜡烛在造型上是角色的头部，左右两小段蜡烛是角色的手，它们采用了相同的接近于人类肤色的淡黄色。烛台根据人类的身形设计成四部分，两条细细的胳膊，瘦长的身子，底座相当于人类的腿，甚至还有一个结构做烛台的脖子。除了蜡烛，整个烛台都是统一的金色，上面刻着装饰性花纹，不难看出，这是这个小仆人金色的外衣。钟表仆人的表针做了他的胡子，头上左右对称的流线型装饰就好像它中分的头发，钟表的主体被设计成胖胖的肚子，左右摇摆的钟摆用金色加以区分就好像钟表仆人的领带，如图5-56所示。将角色直接穿上未经改变的人类服饰也是一种拟人化的表现方法，根据剧情需要，既可以局部穿着，也可以全方位地进行装饰。

图5-56　动画片《美女与野兽》　Robert Roth（美国）

5.4　各类角色饰品的表现方法

饰品的种类多而繁杂，只要具有装饰效果的材料与造型都可以配合角色服装进行使用。饰品的色彩应与角色的肤色以及着装色彩相得益彰，同色系搭配可使角色具有和谐的美感，反差较大的色彩搭配若运用得恰如其分，会起到强调角色的作用，同时会使角色富有一种另类的美感，如图5-57所示。动画角色的饰品设定不必过于精细繁杂，过多的细节不仅不利于绘制，在影片播放时也不易显现出来。

图5-57　动画片《千与千寻》　宫崎骏（日本）

写实类角色设计的饰品一般选用在日常生活中有据可循的造型元素。在发饰的选择上如发夹、发绳或者鲜花，发簪多配合古代服饰使用，如图5-58所示。发簪为中国古代的传统饰物，简洁的发簪上无过多装饰，一般采用木质、骨质或者玉质，常见于雕刻花纹或者镂空样式，这种发簪往往可以赋予角色古朴、悲凉等情感因素。装饰华丽的发簪，用于奢华的角色设计或者神话题材类的角色设计。多采用金银质地，造型形式华丽，如凤凰、蝴蝶、花朵等样式，一般垂有流苏、玉坠做装饰，这种发簪被称作"步摇"。"步摇"会随着角色的运动而摇曳生姿，颇具东方古典神韵。幻想类角色的发饰中羽毛一直为设计师所喜爱，羽毛具有一种原始的装饰性与高度的神秘感，与珍珠、水晶等珠宝一起构成盛放在发间的花朵，使角色平添了几分灵动与鲜活。羽毛的巧妙使用可以让平凡的头饰流光溢彩，令整体造型风采倍增。

图5-58　动画片《Empress Chung》　Nelson Shin（韩国）

　　耳饰分为圈状、垂吊式、颗粒等造型，在一定程度上可显示出角色的某种信仰以及其地位与财富等。戒指可以仅对角色起装饰作用，也可以根据剧情需要赋予其一定的含义，如在动画设计中涉及重要的特写镜头，饰品的设计要尽量周详，并作出转面图，如图5-59所示。项链除了具有单纯的装饰性功能之外，某些项链还具有特殊作用，如佛教的念珠、天主教的十字架，如图5-60～图5-62所示。

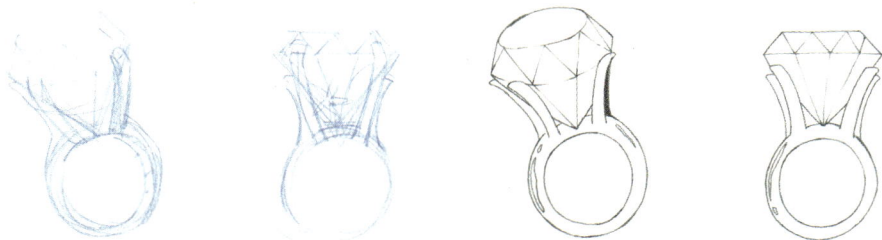

图5-59　戒指设定稿　高思杨（中国）

图5-60　角色设定　火石软件有限公司（中国）

图5-61　角色设定

图5-62　项链设定稿　高思杨（中国）

　　王冠为古代帝王或者皇室成员所佩戴，是最具权势象征的装饰。王冠一般采用中部高于两侧的圆环造型，镶嵌以名贵的珠宝，高贵而奢华，如图5-63所示。勋章是授予有功者的标志，佩戴在角色的胸前，对服装有一定的装饰性作用，多用于军官、骑士等男子角色，如图5-64所示。

图5-63　王冠设定稿　高思杨（中国）

图5-64　动画片《辛德瑞拉》　迪斯尼（美国）

本章小结

　　服装服饰是角色设计的重要元素，同时是角色内涵与文化的载体。掌握各类服饰的基本特征将为角色的设计打下有力基础。服装服饰承载着设计师的思想文化和审美观念，同时影响着角色的性格展示。本章对各个风格与民族的服饰进行了总结与欣赏，有助于读者拓宽视野并增长服饰文化知识。对于各类服饰的具体表现方法，本章结合实例进行了细致的分析，希望通过实例的练习，来帮助知识的理解与消化。

训练和课后研讨题

（一）训练题

1．结合时代背景设计出一套与时代相融合的角色服饰。
2．选择一个角色，设计出代表角色不同性格的服饰。
3．颠覆经典角色，为其设计完全不同的服饰。

（二）课后研讨题

1．如何把握民族服饰元素的取舍？
2．如何把握服饰的艺术风格与角色性格的融合？
3．分析不同服饰的艺术风格在动画制作实际运用中的优缺点。

第6章
道具的设定设计篇

主要内容：

● 本章把二维动画片中的道具系统地划分为陈设类道具和手执类道具两大类，并从理论到具体设计方法进行全面讲解。

重点难点：

● 陈设类道具和手执类道具的设定手法是本章的学习重点，陈设类道具和手执类道具的绘制方法是本章的学习难点。

学习目标：

● 能够按照二维动画片艺术风格的要求设计、绘制与角色性格特征和时代背景相吻合的各类道具。

道具泛指场景中的任何装饰，布置用的可移动和不可移动物品。在动画片中，道具存在于静止的背景中，也可以被角色所用，成为角色的一部分。存在于背景中静止不动的道具由背景部的人员绘制在背景中，在动画片中不会有任何动作。而和角色有互动的道具，或者道具在镜头中受到外力而运动时，这种情况下，道具会由原画师来逐张描画，并且会与背景层分开，在动画片中，这类道具在画面中会有自己单独的运动，如图6-1所示。

在动画片中，我们经常可以见到各式各样的道具，并且有些特殊的道具会像动画片中的角色一样给观众留下深刻印象。例如动画片《火影忍者》中干柿鬼鲛使用的鲛肌和忍者使用的剑，如图6-2所示；动画片《海贼王》中路飞的草帽，索隆的三把大刀，乔巴的帽子，如图6-3所示；动画片《龙珠》中悟空的筋斗云，动画片《阿拉丁》中的神灯。这些道具不仅与角色有关联，更重要的是它们甚至为剧情的发展做了相应的铺垫。

图6-1　动画片《千与千寻》动画片中的道具　宫崎骏（日本）

图6-2　动画片《火影忍者》角色所使用的手执道具　岸本齐史（日本）

图6-3　动画片《海贼王》角色所使用的道具　尾田荣一郎（日本）

6.1　道具在二维动画美术前期设定中的作用

　　道具在动画片中不是最重要的组成部分，甚至很多动画片中都没有道具，例如抽象类的实验短片。但是我们不可否认在商业性的动画片中道具的重要性。道具在动画片中与角色总是保持着密切的联系，它是角色性格特点的延伸，也是为更好地叙述故事而设计的铺垫，甚至能在最关键的时候改变剧情的发展，同样在动画片热播后，设计最成功的道具永远是动画片周边产品中最畅销的。例如动画片《龙珠》中的龙珠道具，动画片《圣斗士》的圣衣道具等，如图6-4和图6-5所示。

图6-4　动画片《龙珠》动画片道具衍生产品　鸟山明（日本）

图6-5　动画片《圣斗士》动画片道具衍生产品　车田正美（日本）

在一部动画片中，动画角色通过使用不同的道具可以产生不同的视觉效果，并且道具在塑造角色的性格上也起到不同的作用。我们可以将道具理解成动画角色性格的缩影，亦或是动画角色性格的延伸。道具并不是单独存在的，它必须要被角色所使用，或者作用于角色所表演的空间，这是一种互动关系。可以说道具是塑造角色的一种必要手段，也是组成角色造型的一部分，如图6-6所示。

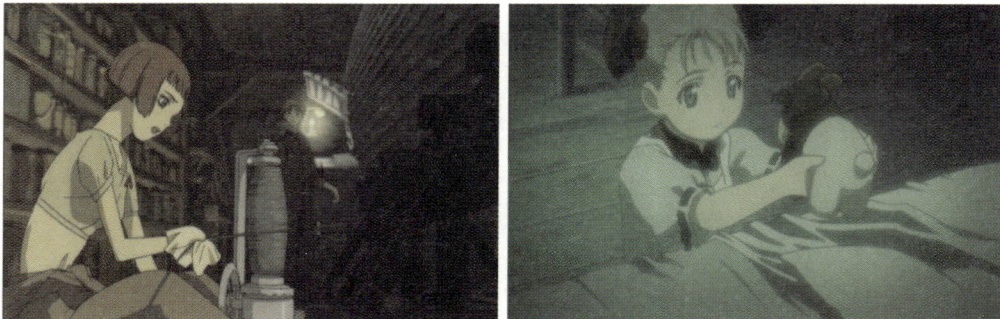

图6-6　《末日流浪者》动画角色与道具　GONZO（日本）

道具在二维动画片前期中的作用可以追溯至剧本创作初期阶段。因为道具并不单单是衬托角色的工具，巧妙地运用道具甚至可以起到为剧情穿针引线的作用。例如在《海贼王》中，主角路飞所戴的草帽就是一个道具，这个草帽并没有为路飞的角色性格塑造起到多大的帮助作用，但是这个草帽却有着一段自己的故事，也正是因为这个故事，路飞将这个草帽视为自己最重要的物品，草帽寄托了路飞的一种精神，一种永不放弃的精神，并且在接下来的故事中还会通过这个草帽道具引发出一些新的故事脉络，如图6-7和图6-8所示。通过这个例子可以发现，不仅可以为角色设计出符合角色性格的道具，帮助角色提升整体形象，还可以在故事中为道具加入它们存在的理由、意义，以及为它们编排属于自己的故事。这样做可以使道具更具有存在感，也更能丰富故事的情节，并将观众的情感带入动画片中。以上这些就是道具在二维动画片前期设定中的作用，在了解了这些作用后，可以将道具大体分为两大类：陈设类道具和角色手执类道具。

图6-7　《海贼王》动画角色与道具的联系　尾田荣一郎（日本）

图6-8 《海贼王》动画角色与道具的联系 尾田荣一郎（日本）

6.2 陈设类道具

6.2.1 陈设类道具的种类与基本概念

陈设类道具指的是静物，这些道具都是存在于背景中，与人物是分开的。它们不是角色随身携带的道具，例如桌子、椅子、花瓶、箱子、门、窗等。这些道具属于背景中的一部分，当角色在一个场景中表演需要用到这些道具的时候，这些道具会和人物画在同一层上，当角色表演用不到这些道具的时候，它们会画在背景层中，如图6-9所示。

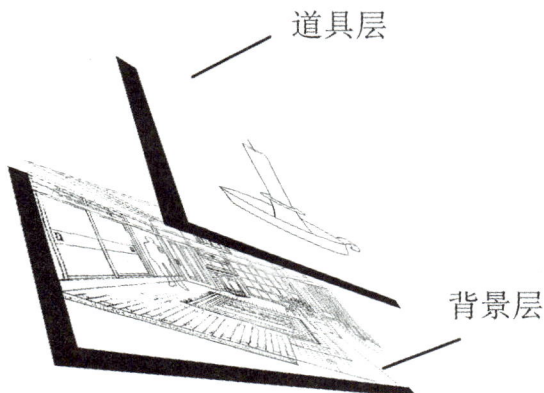

道具层

背景层

图6-9 道具与背景的分层关系 高思杨（中国）

6.2.2　陈设类道具在影片中的作用

陈设类道具在动画片中主要起衬托作用，和角色手执类道具不同，因为陈设类道具多数存在于人物层下方及背景层中，所以陈设类道具在画面中不能太抢眼，在颜色、造型以及体积大小上要仔细斟酌，在构图上要与动画角色拉开层次。除了衬托作用外，陈设类道具还能起到丰富背景内容的作用。道具和背景的关系就好像服装与人物的关系一样，单纯的背景、场景、建筑物无法诉说出太多的细节，也无法营造出细腻的氛围，唯有通过存在于背景中的道具才能起到渲染气氛的作用。通常情况下，道具的风格和背景是一致的，但是当我们尝试把不同风格的道具和背景组合在一起的时候往往会发现一些奇妙的效果。例如可以将西亚波斯风格的道具和欧式的背景组合在一起，或是将未来科技和传统的中国风格结合。动画片是一门幻想的艺术，动画片的前期设定更是天马行空，现实世界的素材只是一个参考，要试着扩散自己的思维，用奇思妙想去设计片中要用到的道具，如图6-10和图6-11所示。

图6-10　动画片《开店》中的陈设类道具　张晓叶（中国）

图6-11　动画片《完美蓝色》中的陈设类道具　今敏（中国）

6.2.3　陈设类道具的一般设定手法

首先，在设计陈设类道具时，要把握整部动画片的艺术风格，在色彩和造型上都要和背景相协调。不能只是孤立地设计道具，要时刻考虑到整部动画片的美术风格，将这种风格融入到道具的设计中，只有这样，设计出来的道具放在背景中或者某个画面中才会给人一种协调的感觉，如图6-12所示。

其次，要对道具的功能进行分类。将不同功能的道具进行归类，有助于快速地描绘出道具的概念草图。陈设类道具可以按照功能大致分为几个种类：家具类、装饰品类、交通道具类、特殊功能道具类，如图6-13～图6-16所示。在设计道具时，要将道具的各个转面详细地设计描绘出来，还要将道具的使用方法以及功能加以介绍，并将道具在场景中的比例关系、与人物角色之间的比例关系做详细的交代。有了以上分类后，可以按照类别来批量地设计道具，这样可以保证效率以及各类道具风格的整体性。

图6-12 《疯狂约会美丽都》陈设类道具 Sylvain Chomet（法国）

图6-13 《疯狂约会美丽都》陈设类道具 Sylvain Chomet（法国）

图6-14 装饰类陈设道具 高思杨（中国）

图6-15　《疯狂约会美丽都》交通类道具　Sylvain Chomet（法国）

图6-16　《千与千寻》参与表演的道具　宫崎骏（日本）

6.2.4　陈设类道具的绘制方法

　　绘制道具时要先根据脑海中的想法勾勒出尽可能多的草图，可以用剪影的方法，也可以用草一点的线条，只要能将道具的特点大致表现出来即可。然后根据该道具的功能，检查草图的合理性，华而不实的道具是无法做到让人信服的。当草图确定后，便可以开始描绘道具的转面图了。转面图可以根据道具的复杂程度来画，结构复杂的道具往往要多画几个角度的设定稿，结构简单的只需画1～2个就可以了。转面图画完后，如果设计的道具有特殊功能，还要将道具的使用方法及功能开启后的形态做进一步的描绘和说明，然后将道具的颜色设定好，这样原画师和背景上色人员才能顺利地进行下一步的制作，如图6-17～图6-20所示。

图6-17　陈设类道具草图设定阶段　张晓叶（中国）

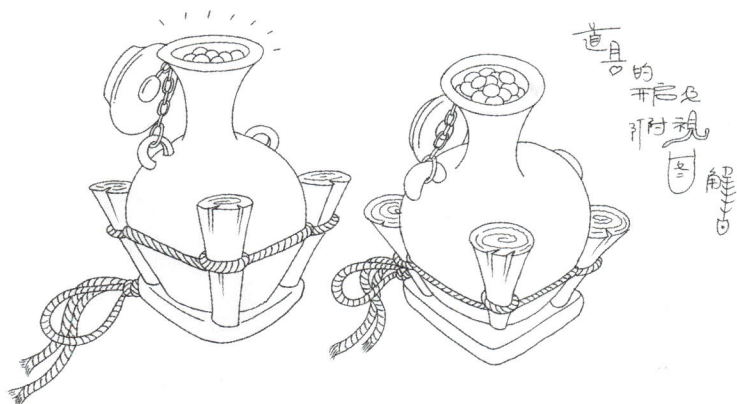

图6-18　陈设类道具多角度图解　张晓叶（中国）

图6-19　陈设类道具开启后的形态图解　张晓叶（中国）

图6-20　陈设类道具颜色设定草图　张晓叶（中国）

6.2.5 陈设类道具与角色的比例关系

　　道具设计好之后，为了能让原画师清楚道具与人物的比例关系，要在道具旁边画出动画片中使用该道具的角色，如果是体积很大的道具，要画出完整的人物角色，如果是很小的道具，可以只画出部分的人物角色，例如一个杯子道具，在它旁边只需画出角色手掌部分就可以说明了。如果是一部交通工具，例如汽车，则需要画出人物与汽车道具之间的比例关系，如图6-21～图6-24所示。

图6-21　童话影片中角色与道具夸张的比例关系　张晓叶（中国）

图6-22　角色与道具的比例关系　高思杨（中国）

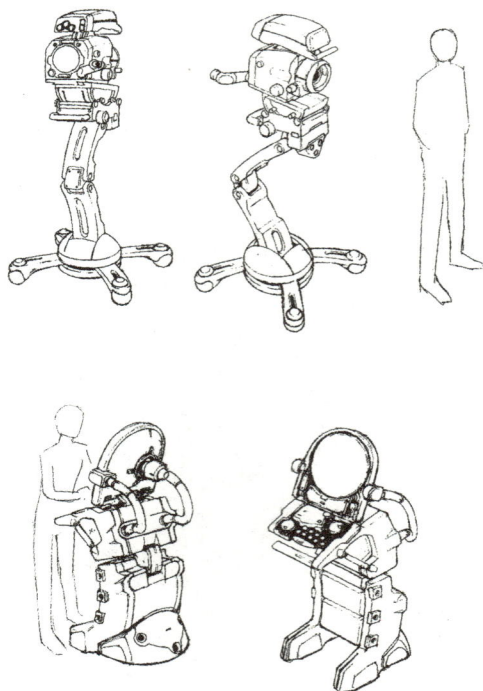

图6-23　动画片《到另一个你身边去》　赤银和树（日本）

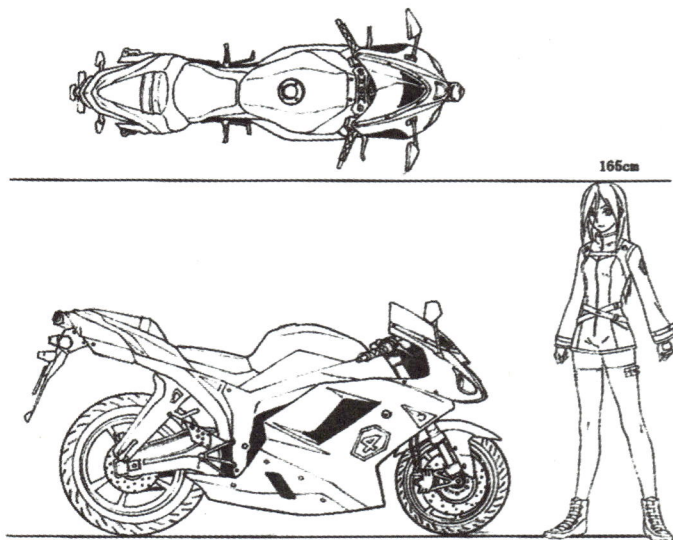

图6-24 动画片《食灵—零》 角川映画（日本）

6.3 角色手执类道具

6.3.1 手执类道具的种类与基本概念

　　角色手执类道具泛指动画角色造型整体形象的一个部分，这类道具和人物角色或者动物角色、机械类角色等都可以搭配，以此来丰富或者凸显角色的性格，通过道具将动画角色本身并不突出的性格特点加以更深入的刻画，使之成为能代表角色的一个物品。手执类道具多数以注重道具的功能性为设计思路，因为它无时无刻都在与角色的表演紧密联系在一起，如果它和陈设类道具一样，仅仅起到一个装饰作用，那么这个手执类道具就失去了存在的意义。手执类道具可以说是物化了的动画角色，它也是有生命的，也有自己的性格与个性，它的外形轮廓所体现出来的气质要与角色相协调。在设计手执类道具的时候，可以把它想象成角色最亲密的朋友。

图6-25 动画片《天元突破》影片中的手执类道具 今石洋之（日本）

手执类道具在角色身上的摆放位置不单单局限于手上，它可以是背在后背，挎在腰间，固定于大腿或者小腿上，或者藏于袖中等。但是只要是角色要用到它的时候，都必须拿在手中来使用，这就是手执类道具，如图6-25所示。

手执类道具按照其功能可以大体分为以下几类：武器类、魔法类、工具类。

武器类主要以各种兵器为主，多出现于科幻类的动画片中，武器的造型设计极具个性，而且主要角色都有属于自己的独门武器，武器的外形也是根据使用者的性

图6-26 武器类手执道具 杨伟林（中国）

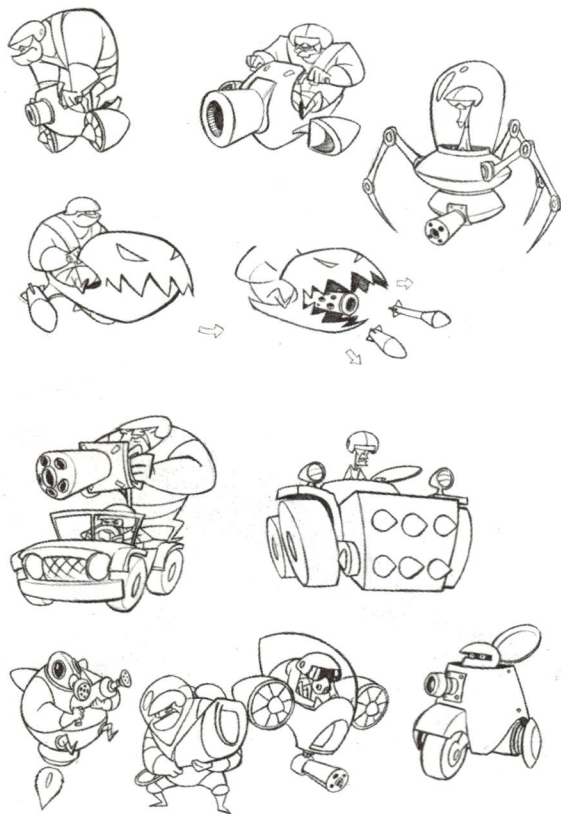

图6-27 武器类手执道具 杨伟林（中国）

格来设计，正义的角色所用的武器往往都是造型饱满，规则整齐，颜色也以暖色为主。邪恶的角色所用的武器造型诡异，外形扭曲，颜色也以冷色为主。在对决的时候每种武器都有不同的功能，相生相克，观众甚至会只记住武器的名字而忽略了角色的名字。武器类手执道具如图6-26～图6-28所示。

魔法类的道具涵盖的范围比较广泛，任何道具都可以被赋予魔法的效果。魔法类道具的使用者的性格以冷静、内向、智慧型为主，外表多以俊美的脸庞、苗条的身姿为主，鲜有粗线条的魔法道具使用者。因为魔法类手执道具的特点是道具本身的能力强于使用者，所以使用魔法类手执道具的角色可以看起来相对柔弱一些，这样会更好地体现道具的能力，如图6-29所示。

图6-28 武器类手执道具 杨伟林（中国）

图6-29 魔法类手执道具 杨伟林（中国）

工具类道具多以现实生活中的道具为原型来创作，这些道具不会有太夸张的能力，但是会和使用者的职业特点相吻合，如警察的手枪，侦探的放大镜，或机器猫的竹蜻蜓等。这类道具多数出现在写实类的动画片中。日常生活中，我们经常会用到的就是工具类手执道具，这类道具在动画片中同样占据着非常大的比例，如图6-30中，上面一幅图中，啤酒瓶还作为陈设道具存在于场景中，而在下一幅图中，它被动画角色拿起，成为手执道具。

图6-30 动画片《意念游戏》工具类手执道具 汤浅政明（日本）

6.3.2 手执类道具在影片中的作用

手执类道具在动画片中都是随着人物一同出现的，并且是动画角色随身携带或者使用的道具，在画面中手执类道具所占的比例仅次于角色所占画面的比例，可谓非常重要。手执类道具会在角色使用它的时候成为画面中的主角，根据剧情的需要帮助角色表演。在不使用它时，它会随身携带在角色身上，成为角色的一部分，对故事的发展不会产生直接的影响，但是可以为故事的发展做铺垫，如图6-31所示。

图6-31 角色与手执道具的设计草图 杨伟林（中国）

6.3.3 手执类道具的一般设定手法

手执类道具在设计的时候大体分为两种方式：一种是此道具为固定角色使用；另一种是此道具随着剧情的发展由不同的角色使用。当手执类道具为固定角色使用时，在设计该道具时要将其与角色同时设计，道具要符合角色的性格特点以及使用方式，例如男性角色所用的道具可以更加厚重，造型更加饱满，如图6-32和图6-33所示。

　　女性角色所用的道具可以相对轻便一些，造型也可以更加灵巧。这样在角色运用其道具时，在视觉上能更加协调。其次在道具的剪影效果上也可以遵循角色造型的特点，使之相互呼应。在设计道具的特殊功能时，要参考角色的特点以及剧情，加入适合角色使用的功能，并在绘制好的道具旁边加以文字说明，以及用连续的画面表现出道具的运动方式。当道具为不同角色使用时，该道具在剧情中势必为一件特殊的道具，并会对剧情产生一定的影响，在设计此类道具时，只需按照剧情的描述来单独设计即可，重要的是要将这件道具设计得更加有特色而且符合剧本的描述，如图6-34～图6-37所示。

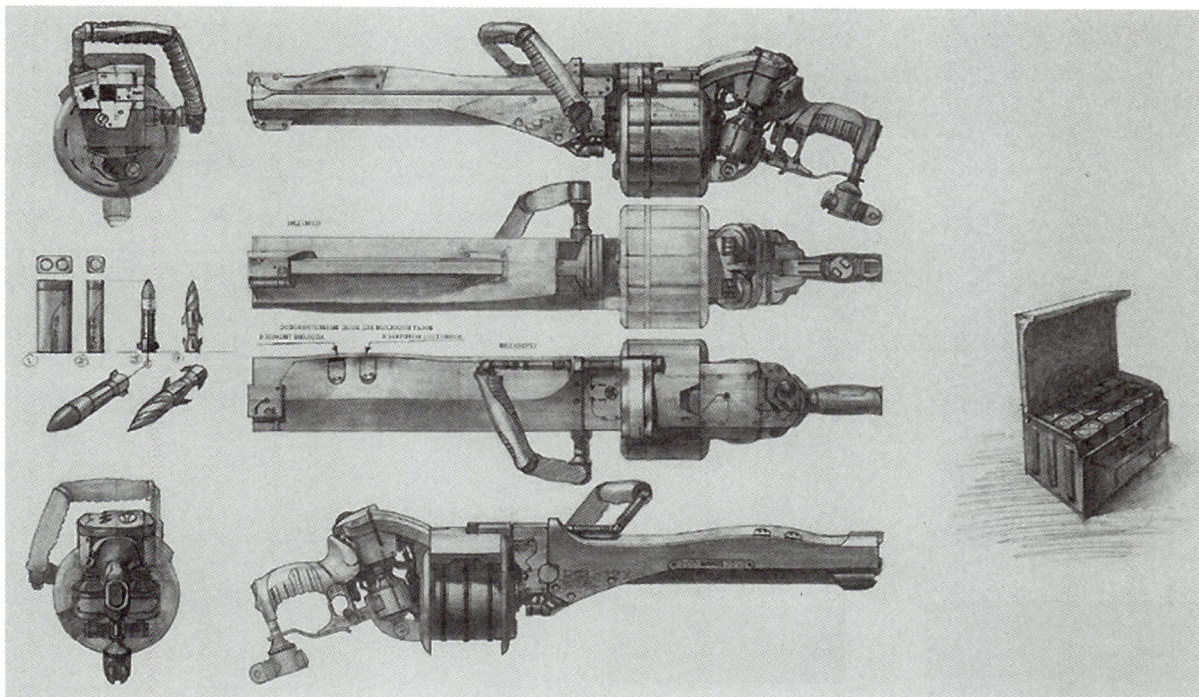

图6-32　手执类道具设定图　Timur Mutsaev（美国）

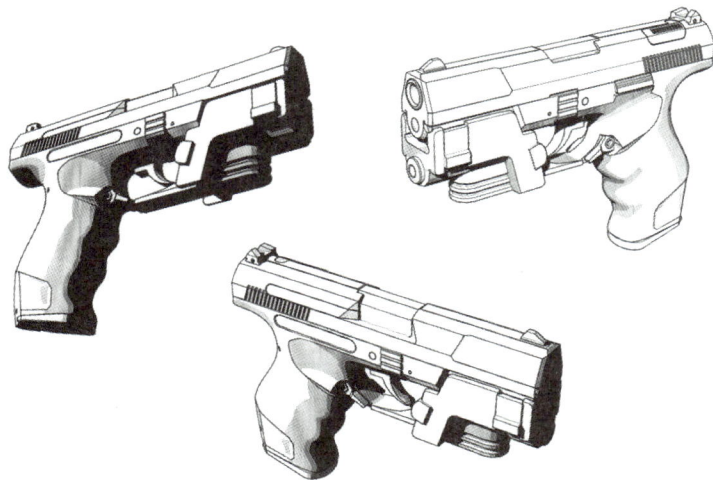

图6-33　动画片《食灵—零》手执类道具转面图　角川映画（日本）

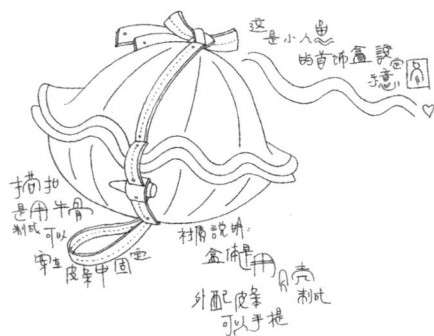

图6-34　手执类道具关闭时的设计图　张晓叶（中国）

图6-35　手执类道具开启时的设计图　张晓叶（中国）

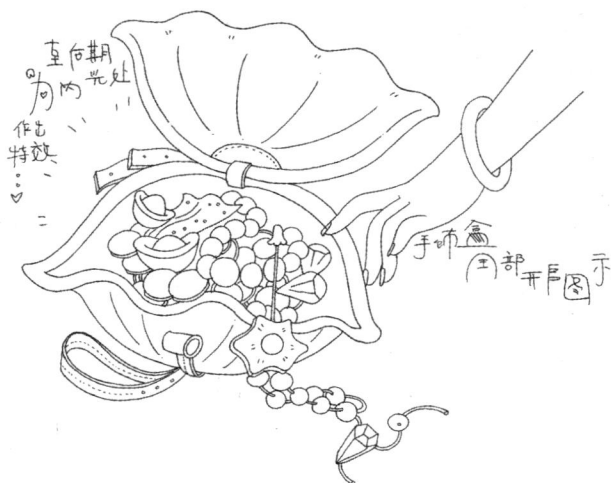

图6-36　手执类道具内部设计图　张晓叶（中国）

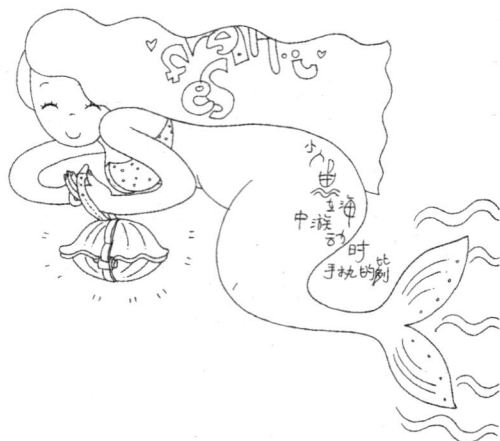

图6-37　手执类道具携带设计图　张晓叶（中国）

6.3.4　手执类道具的绘制方法

在决定了为角色配备怎样的道具后，可以先大量搜集相关的素材，然后加以夸张、变形、组合，最终达到想要的效果。剪影法在设计道具时非常有效率，可以在短时间内描绘出许多简单的剪影道具，然后慢慢筛选，找出轮廓效果和角色最搭配的几个剪影进行深入刻画，最终选定最合适角色的那一个道具。动画片中手执类道具的设计大多数都是从现实生活中相关的道具演变而来的。和设计人物不同，道具包含的范围非常广泛，从仿生学到机械设计以及服装设计，道具包含所有和设计类相关的学科，所以大量找寻素材是设计道具最重要的准备工作之一，有了这些准备好的素材，在设计道具时就会更快地获得灵感，也会更快地描绘出脑海中道具的造型。角色与手执类道具的设定如图6-38～图6-40所示。

图6-38　实验动画片中的角色与手执道具的设定　张晓叶（中国）

图6-39　角色与手执道具的设定　杨伟林（中国）

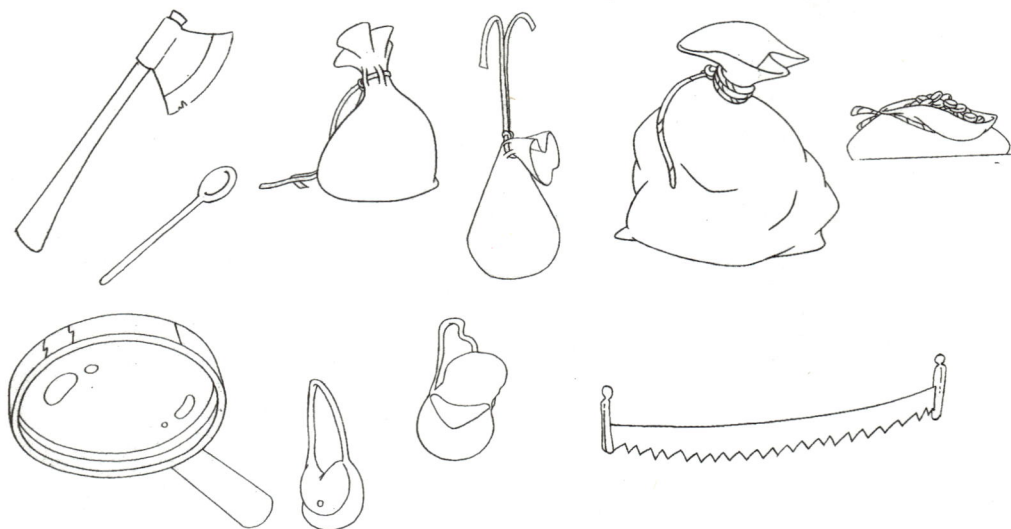

图6-40　手执类道具的设定　高思杨（中国）

6.3.5　手执类道具与角色的比例关系

　　手执类道具是动画角色所使用的道具，它的大小及体积不应太大，最多不要超过角色身高的2倍。在描绘手执类道具与角色比例关系时，可以将道具垂直摆放于角色的身边，将两者的高度最直观地展示出来。然后再将道具放于角色手中，描绘出角色使用道具时的动态画面，就足以说明道具与角色的比例关系了，如图6-41～图6-43所示。

图6-41　手执类道具与角色的比例关系（1）　高思杨（中国）

图6-42　手执类道具与角色的比例关系（2）　张晓叶（中国）

图6-43　手执类道具与角色的比例关系（3）　张晓叶（中国）

本章小结

本章主要介绍了动画片中道具的种类，以及不同道具在动画片中的作用。结合图例对如何设计不同种类及不同风格样式的道具进行了详细讲解。

训练和课后研讨题

（一）训练题

1. 设计不同功能的陈设道具，并且设计出道具的转面图。
2. 根据文字或者自己的创意设计符合角色的手执类道具。
3. 设计出手执类道具的使用方法，用文字或者动态图示说明。

（二）课后研讨题

以小组的形式探讨如何设计手执类道具才能更符合角色的性格特点，通过本章的学习，找出更适合自己的手执类道具设计方法。

第7章
二维动画场景设定基础篇

7

主要内容：

● 本章主要讲解二维动画场景设定必须了解的相关基础知识，如场景的分类、场景的风格特征、场景的构图及色彩等理论知识点。结合具体场景案例系统地进行分析讲解，为具体进行场景设定绘制奠定理论基础。

重点难点：

● 如何把握不同风格及色彩的场景设定是本章的学习重点，对场景构图透视的掌握是本章的学习难点。

学习目标：

● 能按照二维动画场景设定的规律与要求设计不同构图和风格类型的场景，并能在后续章节的学习中学以致用。

7.1 场景设计在二维动画前期设定中的地位

　　场景设计是整部动画片创作中的重要组成部分，场景设计的风格和水准直接关系着整部动画片的艺术风格和水准。场景为每个镜头、每个画面提供动画角色表演的舞台，它详细地交代了故事发生的时代背景、地域特色、自然环境、人文环境等一系列重要的信息资料，这使得观众在观看动画片时，对角色所处的空间以及剧情的发展都会有一个清晰的认识。背景的设计风格必须和整部动画片的风格一致，它主要起衬托以及渲染气氛的作用。在二维动画前期设定阶段，背景设计人员所要做的不是如何精确地描绘背景的透视、上面细小的物品及各项细节，在前期设定阶段，背景设定所要做的是用构图和色彩快速直观地表现出剧本中文字描绘的画面，并且将文字要表现的气氛通过背景概念图展示给其他工作人员。在这一环节中，背景的风格在一定程度上决定了整部片子的美术风格，所以，背景设计在二维动画前期设计中的地位非常重要，如图7-1所示。

图7-1　动画片《秒速5厘米》背景设定　新海诚（日本）

背景设计包括全片场景的所有构成要素的具体造型、色彩及其色调的设定。动画造型风格与动画背景的造型风格是一种对立关系，也分为夸张与写实两种主要类型。动画背景是因为动画存在，与动画造型设计在统一的美学构思之中，两者是共生的产物，构成和谐的整体。背景设计中包括：景物归纳、想象造型、景物的色彩归纳、色调处理、景物的装饰化造型、背景设计的构图与气氛营造等。设计镜头中背景的关键是考虑剧情的需要、角色的需要、气氛的需要。场景设计的方法包括对场景进行归纳与想象造型。设计背景要在形式结构上传达出普遍的认知概念。场景中色彩的设定也很重要，如不同色彩对人所产生的不同的心理反应，以及树立观众对空间的感知认识。注意画面的空间关系处理所引起的视觉上对纵深感、舒适感、压抑感、沉重感、距离感等一般的感知规律，如图7-2所示。

图7-2 场景概念设定 Moebius（法国）

7.2 场景的分类

每部动画片都有很多场景，动画角色在各个场景中穿梭、表演。为了使整部动画片更具逻辑性，也为了能让观众在不停转换的场景中看懂剧情。在设定场景的时候要将场景进行细致的分类与规划，通常按照场景所在的区域将其分为室内景与室外景两种类型。

7.2.1 室内景

室内景指封闭或者半封闭的内部空间，例如建筑物内部、自然景观内部、交通工具内部等，如图7-3所示。

7.2.2 室外景

室外景指建筑物以外的空间，包含自然景观，例如街道、广场、森林、天空、大海，甚至外太空，如图7-4和图7-5所示。

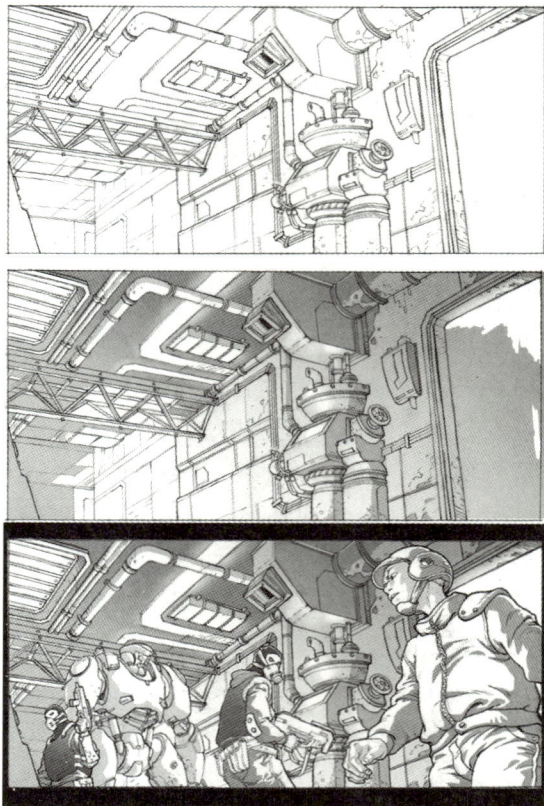

图7-3 室内场景设定 杨伟林（中国）

图7-4 室外场景设定（1） 杨伟林（中国）

图7-5 室外场景设定（2） 杨伟林（中国）

7.3 场景的风格特征

　　每部动画片都有自己的风格与特点，这些风格和特点来源于以下几个方面：镜头的处理手法，角色的运动规律，整片的美术风格，画面和音乐的结合等。将其中任何一项做到极致，做出特点，整部动画片就会充满自己独特的魅力。以美术风格为例，在这一项中，场景的风格特征决定了整部动画片的美术风格特征。在前期创作背景时，根据动画片剧情的需求，场景的艺术风格基本可以大致确定下来，大体的类型可以分为写实风格的场景、可爱风格的场景、漫画风格的场景、装饰风格的场景，以及特殊风格的场景。恰当的艺术风格会更好地将剧本中的故事通过画面展示给观众，也会引起观众的共鸣。如今的动画片风格样式层出不穷，新颖的表现手法和艺术风格让人眼花缭乱，从中也可以看出场景的风格对整部动画片的影响，如图7-6和图7-7所示。

图7-6　场景设定（1）　Moebius（法国）

图7-7　场景设定（2）　Moebius（法国）

7.3.1　写实风格的场景设计

　　写实风格是用动画的语言和画面表现形式力求真实地还原现实中的人、物、景等元素的一种表现风格。它并不是照搬现实中的一切，它是在参考现实的基础上进行的二次创作。写实风格的场景在设计时非常严谨，对透视和结构的把握要非常准确，不能出现一点偏差，这是最为繁琐和复杂的场景风格，但同时也是画面效果最细致的一种，这种风格多用于商业动画片的制作中。写实风格的创作手法也有很多种类，大多数情况下，需要对即将创作的背景进行实地取材，制作人员会带着相机到一些可以作为参考的地域拍下照片，回到工作室后将照片中可用到的素材进行分类整理，在参考照片的基础上进行动画化的背景创作，如图7-8～图7-10所示。这样做的好处是减少了画面中的错误，也使得画面变得有说服力。同时在色彩和光影上也会有一定的参考，这些都会成为二次创作的灵感来源。还有一种方式是先在三维软件中进行设定好的场景建模，然后选取需要的镜头角度用手绘的方式描绘下来。这种方式和前一种方式大体相同，都是为了更准确地将复杂的写实场景交代出来。

图7-8　写实类场景（1）　Laurent Audouin（法国）

图7-9　写实类场景（2）　杨伟林（中国）

图7-10　动画片《秒速5厘米》　新海诚（日本）

7.3.2 可爱风格的场景设计

可爱风格的场景多数伴随Q版动画造型出现，可爱的人物角色配合可爱的场景使画面显得非常协调。可爱风格的场景适用于温馨、甜蜜的剧情，在设计可爱风格的场景时可以参考一些照片素材，但是要进行夸张和变形，在比例以及线条的处理上都要展示出其可爱的一面，线条主要以弧线为主，尽可能少地使用直线，即便是有直线的地方，也要将直线处理得放松些，例如动画片《蜡笔小新》中的场景设计，如图7-11所示。可爱风格的场景设计以画面简洁干净为主，场景中很少有特别复杂的建筑以及错综复杂的层次关系，只是运用最基本的元素构建出需要的空间和环境，在颜色上也以明快的颜色为主，整体的视觉效果给人以轻松、欢快的感觉。

图7-11　动画片《蜡笔小新》　臼井仪人（日本）

7.3.3 漫画风格的场景设计

漫画风格的场景具有以下特点：造型简练夸张，具有趣味性，色彩高度概括并且单纯化、整体化。漫画风格的场景通过对场景中各类素材进行高度概括，以大量的几何图形、大的色块展示给观众，这种简单明快的风格容易被人接受，也更符合观众脑海中对动画片这个词的定义。漫画风格的场景设计多适用于剧集较多的TV版动画片，因为在面对巨大的工作量时，这种简化概括的背景更便于绘制，更有效率。在设计漫画风格的场景时，需要注意如何归纳与简化背景中的造型，既保留其特点，又便于绘制，而且不要设计得千篇一律过于模式化，要带有自己的风格特点。在归纳和简化背景时，对线条的要求非常高。由于是高度概括的场景风格，所以每一条线所代表的都是一个面。考究地处理每一条线、每一个造型是漫画风格场景设计的关键所在，如图7-12所示。

图7-12　动画片《飞天小魔女》　美国华纳兄弟公司（美国）

7.3.4 装饰风格的场景设计

　　装饰风格的场景多出现于艺术实验短片中，这类风格的场景给观众的视觉冲击力非常强。装饰风格有许多种类型，例如中国传统的装饰图案类型，西方古典装饰图案类型，西方现代装饰类型，日本装饰风格类型等。这些不同的文化孕育了不同的艺术风格，在装饰图案上各具特色，在设计装饰类风格场景时可以参考这些不同风格的装饰图案，将这些图案融入到背景设计中。装饰风格的场景在动画片中的应用较为广泛，它可以出现在某一个特定的场景中，让这个场景留给观众深刻的印象。由于装饰风格的场景具有很强的设计感和图形拼贴感，它给人的印象往往是非常深刻的，如图7-13和图7-14所示。

图7-13　装饰类场景设计稿　杨伟林（中国）

图7-14　动画片《HAT》　Dave stein（法国）

7.3.5 特殊风格的场景设计

　　特殊风格有别于电视动画和剧场动画的美术风格，大多数属于艺术家独立制作的艺术短片，艺术性浓厚，投资也很少。风格的确立主要取决于艺术家自身的审美修养与艺术品位。这种类型的风格带有实验探索性，商业元素较少，不适合大规模生产。它所包含的因素多种多样，应用的材料也种类繁多，例如彩铅、水墨、油画、木刻、布偶、剪纸、拼贴、泥塑等。特殊风格的场景设计属于非主流动画艺术，例如动画短片《老人与海》采用的是油画的表现手法来描绘场景；动画片《热狗》采用彩色铅笔的表现手法来绘制场景，如图7-15所示；动画片《恋爱素描》采用水彩的表现手法来构筑场景，如图7-16所示。特殊风格的场景在画面的视觉效果上会给观众带来耳目一新的效果，任何材料都可以用来绘制背景，但同时要兼顾画面的艺术效果和美感。

图7-15　动画片《热狗》　Bill Plympton（美国）

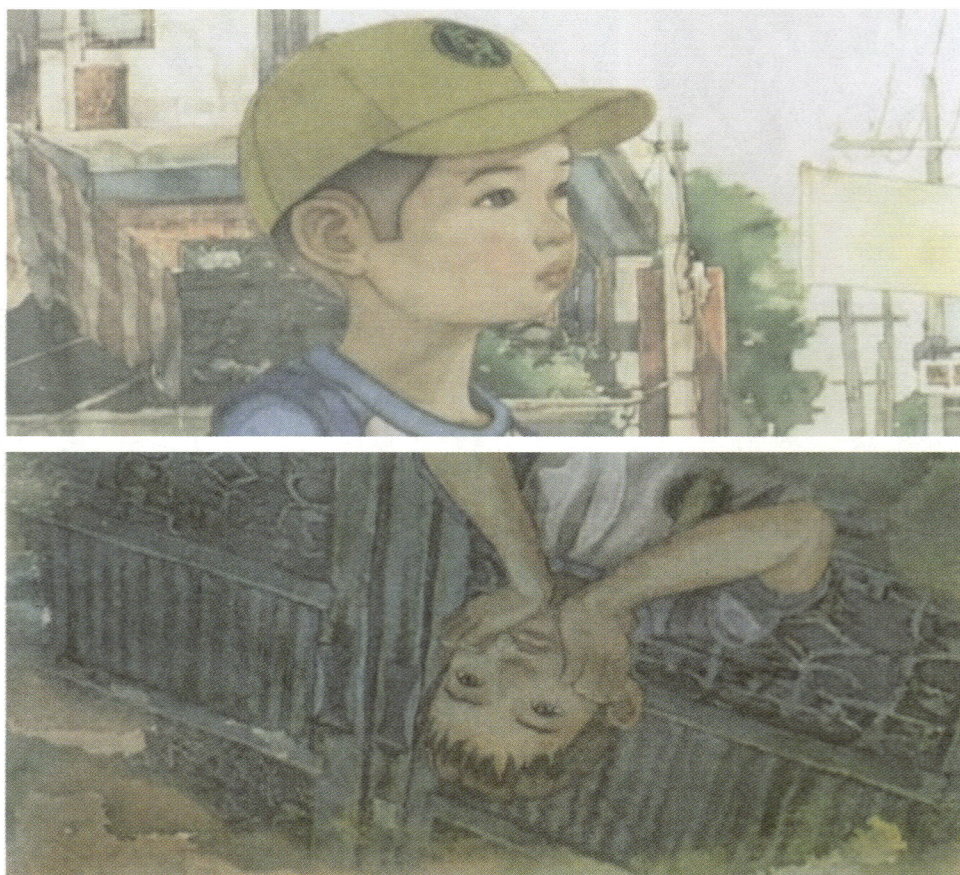

图7-16　动画片《恋爱素描》　金荣君（韩国）

7.4 场景的画面构图及透视

　　我们经常会看到一个现象，就是同一个场景在一部动画片里会出现不止一次，但是它并不总是以同样的角度出现，有时是在上方俯瞰它，有时又变成在下方仰视它，并且它总会配合剧情，配合镜头恰到好处地交代给观众一些细节。这就是不同的构图。不同的透视所描绘出来的同一个场景带给人们不同的感受。构图大体可以分为平行构图、直立构图、曲线构图。透视也可大体分为平视、俯视、仰视及特殊镜头透视。无论多么复杂的背景构图或者透视，都离不开构筑它的最基础的那条线——视平线。在创作一张背景时，可以试着先在空白的纸上随意画一条横着的直线，把这条线当作视平线，然后在视平线的两端任取两点，并且延伸出无数条射线，在画面中组成网状，此时可以清晰地看到一个立体的空间。如图7-17所示，画面中蓝色的线条是视平线，红色的线条是地平线上引出的射线。可以很清晰地看到，这是一张俯视图。

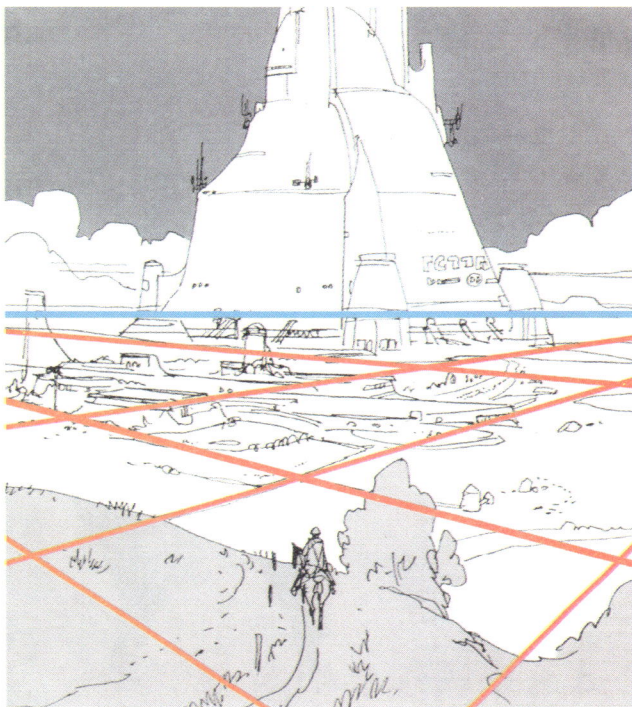

图7-17　背景透视图　Moebius（法国）

7.4.1 平行类构图

　　平行类构图的场景是以一点透视构筑的，在画面中先确定一条视平线，然后确立一条与视平线平行的地平线，地平线与视平线的距离设置得不能过大，接下来在视平线上任取一点，作为视线的消失点，然后再从这个消失点引出数条直线，这些直线就是场景中的透视线，透视线可以辅助绘制人员更准确地找到场景中建筑以及景物的透视关系。在平行构图中，所有景物的平面线条都要与视平线平行，而纵面的线条则要与视平线保持垂直。

　　平行构图适用于表现简单、宁静的场景，由于平行构图的线条都是互相平行和垂直的，给人的感觉非常冷漠与机械，适用于表现城市中的街道、建筑物内的走廊、广阔的田野等。在动画片中，这类场景通常不会伴随着激烈的镜头，而是多以宁静悠扬的画面为剧情做铺垫或为整部影片调整节奏，如图7-18所示。

图7-18　动画片《阿基拉》　大友克洋（日本）

7.4.2   直立类构图

　　直立类构图的场景通常用来表现有一定高度和深度的景物，经常采用的透视为俯视和仰视，运

用三点透视，将景物的雄伟气势表现出来。在画面的最上方或者最下方，取一条视平线，然后在视平线的两端取两个消失点，再在视平线外任意位置取一个消失点作为第三个消失点，这样，直立类构图的效果就产生了。也可以运用很强烈的广角透视和鱼眼透视效果来表现直立构图，这样不仅能体现出景物磅礴的气势，还能将更多的景物收入到画面中，使画面更加生动，更加丰富多彩，当镜头在场景中移动时，画面的变化效果也很出色，如图7-19所示。

图7-19   动画片《阿基拉》   大友克洋（日本）

7.4.3   俯视类构图

　　俯视类构图是居高而下观看场景，视线宽广，范围广阔，适合表现较大空间群体场景，俯视的场景中景物透视很大，动感强烈，这是由线性的性质决定的。当纵面的线被压缩，顶面大于底面的

面积时，俯视的视觉效果便出现了，这种视觉对比很强烈，很容易吸引观众的目光。由于俯视类的视平线出现在画面上方，具有居高临下之感，在动画片中，俯视场景所描绘的画面给人的感觉是一种细腻的陈述，它不单像平视一样展示出景物的全貌，还能顺着透视的方向让人的目光集中在画面的某一点上，做更细致的交代。如果配合剧情运用得当，俯视场景还会给人带来紧张的感觉、隐秘的感觉、危险的感觉等，如图7-20～图7-22所示。

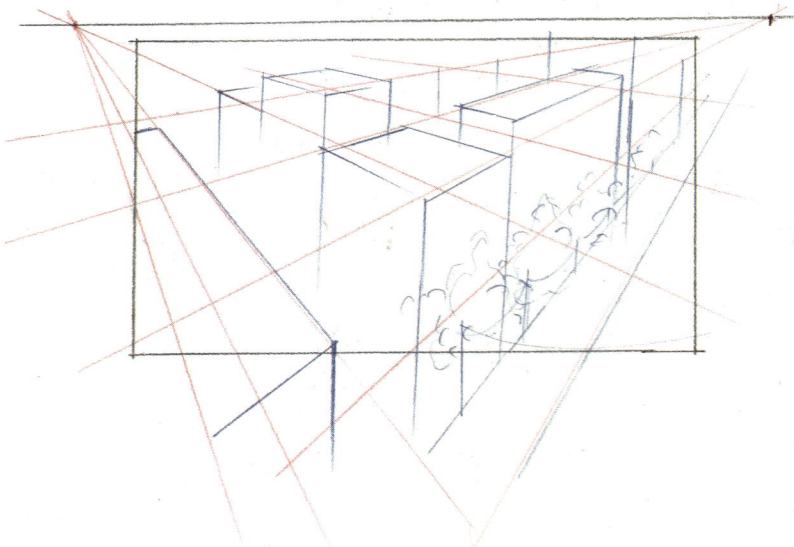

图7-20   俯视类背景图（1）   高思杨（中国）

图7-21 俯视类背景图（2） 杨伟林（中国）

图7-22 俯视类背景图（3） Moebius（法国）

图7-23 仰视类背景图 高思杨（中国）

7.4.4 仰视类构图

仰视类构图是自下而上观看的视图，视平线位于画面的最下方，由于视线受到的限制较多，画面中大部分都是天空和景物边缘，相比俯视给人带来的紧张和压迫感，仰视给人带来的感觉是积极向上，充满希望，高耸，有种向上冲跃的感觉。仰视的画面中，人物所占的位置很大，大多都是露出上半身，景物则在人物层的后方作为映衬。在仰视的画面中，人物是主要的，背景所起到的作用大多是为了映衬人物内心的心理活动，如图7-23和图7-24所示。

7.4.5 曲线类构图

曲线类构图也称为S形构图，在这类画面中，景物互相重叠、交错，但是随着视觉流程的移动，可以发现，这条视觉流程线是以曲线的形式运动的，这便是曲线构图。曲线构图的方式更为美丽，框架结构变化更为丰富，韵律及动感都更强。构图具有流动感，流畅性。S形结构类似蛇形运动，这种运动在画面的安排中更易取得均衡的效果。曲线型的场景会更引人注目，更加生动、活泼，如图7-25和图7-26所示。

图7-24 动画片《阿基拉》 大友克洋（日本）

图7-25　曲线类构图（1）　Moebius（法国）

图7-26　曲线类构图（2）　Moebius（法国）

7.4.6　特殊镜头角度类构图

除了在动画片中常见的平视、仰视、俯视之外，还有其他一些构图方式，例如散点透视、鱼眼透视等。散点透视不同于焦点透视，它没有固定的视觉焦点，而是将眼中所有的一切景物都描绘在纸上，没有了焦点，也就没有了虚实，可以随心所欲地在画面上移动视觉中心。这类方法多用于风格性很强的艺术短片中，在这类艺术短片中，作者强调的不是透视的严谨性，而是传达一种意境，散点透视的场景恰好可以将这种无拘无束的心情完美地表现出来。鱼眼透视是一种极为夸张的透视，视线的范围可达180度，并且在画面中间物体产生凸起的变形效果，而在画面的两端物体变得渺小，常规镜头下的直线在鱼眼镜头中呈抛物线状，使得镜头的张力更强，画面的趣味性更高，如图7-27和图7-28所示。

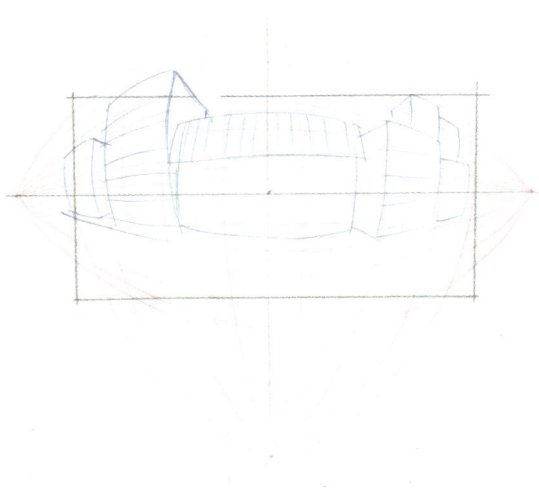

图7-27 鱼眼透视图 高思杨（中国）

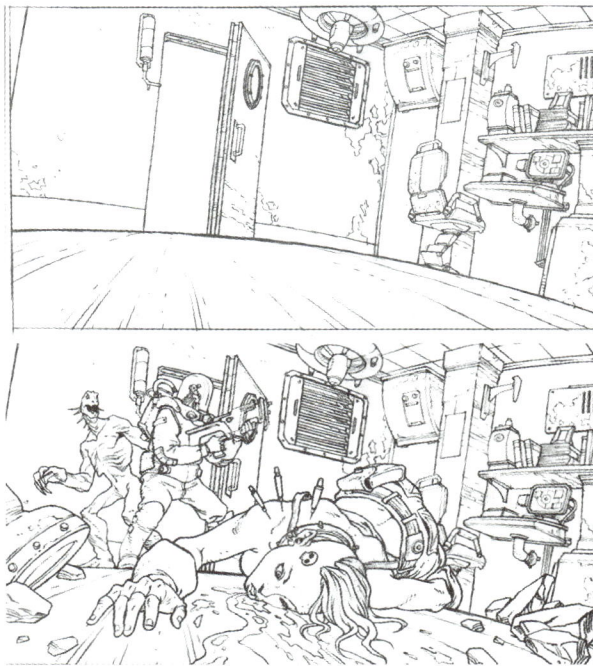

图7-28 特殊透视效果图 杨伟林（中国）

7.5 动画场景的色彩设定

　　色彩是造型语言最重要的表现手段，在动画片前期设定阶段，场景的概念草图都是以大块的色彩来表现的，设计人员了解剧情后，每个人的脑海中都会出现一个模糊的世界观，这也是剧本带给每个创作人员的想象空间，背景设计师会把脑海中这个模糊的概念通过画笔在纸上将其清晰化，这个过程很快，没有细节的刻画，没有复杂的结构，只有整体的颜色、光影效果、简单概括的造型。这个过程所创作出来的概念草图为设计师以及整个团队提供了一个对虚拟世界的参考，也是色彩在动画片前期设定中最初的作用，如图7-29所示。

图7-29 动画片《巫妖王之怒》场景的色彩设定图 暴雪娱乐（美国）

7.5.1　根据剧情及气氛确定场景的整体色彩效果和基调

在动画片中，恰当地应用色彩的心理特性，可以准确地表现出影片的情感、情绪和作者的创作意念、意图。相对于线条所表现出来的造型轮廓，色彩所传达的感觉要丰富得多。色彩能传达给人许多感觉，下面就来仔细研究一下。

1. 冷暖

色彩的冷暖感是人类在日常生活中通过经验总结出来的，例如火焰，它给人们带来热量，当人看到黄色、红色、橙色时就会觉得温暖。而看到如海水和冰川般的蓝色时，就会让人觉得寒冷。如图7-30所示，画面中的冷暖对比用蓝紫色和橙色完美地诠释了出来。

图7-30　冷暖色在背景中的应用　Moebius（法国）

2. 空间

利用色彩的冷暖变化，可以在平面中获得立体、有深度的空间感。纯度高的颜色要比纯度低的颜色离镜头更近，明度高的颜色比明度低的颜色离镜头更近，在背景大色调为亮色的情况下，安排一个暗色的物体在背景中会更加突出暗色的物体，同理，在背景大色调为暗色的情况下，亮色的物体会更加突出，如图7-31和图7-32所示。

图7-31　用色彩表现背景的空间感（1）　Moebius（法国）

图7-32 用色彩表现背景的空间感（2） Moebius（法国）

3. 体积

暖色和亮色会使物体的体积看起来更大一些，而冷色和暗色会使物体看起来更加收缩一些，在用色彩描绘场景时，明亮的色彩倾向会使场景看起来更加宽敞、开阔，适合表现户外景色，而深暗的色彩倾向会使场景看起来更加狭窄、紧迫，适合表现室内景象，如图7-33所示。

图7-33 动画片《秒速5厘米》 新海诚（日本）

4. 情绪

色彩能传达给人一种情绪感，在观看一部动画片时，观众的情绪不单会随着剧情起伏而变化，也会随着画面整体色彩的变化令心理产生潜在的变化，这也可以说是色彩带给人们的心理暗示。例如高纯度的颜色会使人变得兴奋、激动，灰色的调子会让人平静、忧郁，暖粉色让人感觉温馨、浪漫，强烈的黑白对比让人紧张、压抑。

7.5.2　日景类色彩

　　白天时日光充足，主要以明亮的色调为主。晴天时高明度的天蓝色是构成天高云淡的常用色调。在阴天的时候，场景以灰色调为主，低明度的冷色系用来描绘阴天更为合适，如图7-34和图7-35所示。

图7-34　动画片《秒速5厘米》中的背景设定（1）　新海诚（日本）

图7-35　动画片《秒速5厘米》中的背景设定　新海诚（日本）

7.5.3　夜景类色彩

　　夜景主要由低调的蓝紫色、蓝灰色、蓝绿色等构成，只是要注意景色受光部和背光部的颜色，受光部以明亮的冷蓝色为主，背光部则以相对较暖的明度较低的紫色为主。夜景的光源除了月光外还有许多人造光源，例如亮灯的窗户、路灯、霓虹灯等，它们照射出来的颜色也会多少影响到环境中的其他景物，将这些明亮的暖色光源加入到背景中，可以起到点缀和平衡画面的作用，如图7-36和图7-37所示。

图7-36 动画片《秒速5厘米》
中带有暖色光源的夜景背景
新海诚（日本）

图7-37 动画片《秒速5厘米》中
冷色的夜景背景 新海诚（日本）

7.5.4 夕阳及日出类色彩

　　黎明和清晨阳光都不是很充足，夜色还未褪去，所以主要以浅冷色为主。中低调的暖色可以用来描绘傍晚，如图7-38所示，我们可以比较一下如何用不同颜色来表现同一场景中的白天与黄昏。

图7-38 动画片《秒速5厘米》中背景的色彩设定 新海诚（日本）

7.5.5 风雨雷电等自然现象类色彩

在设计室外场景，特别是自然景观时，会涉及到许多带有天气变化的场景，例如风、雨、雷、电、沙尘、雪等。每一种自然现象都有其自身的特点，也有自己特殊的色彩倾向。例如，下雪天时，场景中以白色为主，暗部以灰色调的冷色为主。沙尘天气以土黄色为画面的基色，夹杂一些橙色和亮黄色，以灰色调为主。刮起大风的阴雨天主要以冷色中间调为基色、青色、蓝色、紫色等，这些颜色会给人阴冷，潮湿的感觉，如图7-39和图7-40所示。

图7-39 动画片《星之声》 阴雨天的背景设定 新海诚（日本）

图7-40 动画片《星之声》下雪天的背景设定 新海诚（日本）

7.5.6 各类情绪性色彩

场景中的色彩也会带有明显的情绪感。高纯度的暖色可以表现兴奋、热闹、欢快的情绪，如黄色和绿色的对比，红色与高纯度的暖紫色的对比，黑色和白色的对比可以表现激烈的冲突，愤怒、紧张的情绪。低纯度的蓝色、灰色则显得忧郁、悲伤，如图7-41所示。明亮的暖粉色可以表现甜蜜、温馨的情绪，如图7-42所示。

图7-41 动画片《星之声》中的背景设定 新海诚（日本）

图7-42 动画片《秒速5厘米》中的背景设定 新海诚（日本）

7.5.7 各类魔幻类色彩

现实中的色彩往往都是有规律可循的，但是在幻想的世界中，这些规律便成了创意的枷锁，在设计魔幻类的场景时，能参考的资料很少，场景上的一切都是凭想象创造出来的。通常会对整个场景设定一个主色调，然后围绕着这个色调去调整，冷暖的变化、明暗的变化同写实类色彩的变化规律一样，这些是用色彩塑造造型的根本。可以在物体的固有色上寻求创新，令其达到耳目一新的效果，以及在场景中多加入些光源，这样都会使场景看起来更具科幻的感觉，如图7-43和图7-44所示。

图7-43 背景设定·暴雪娱乐（美国）

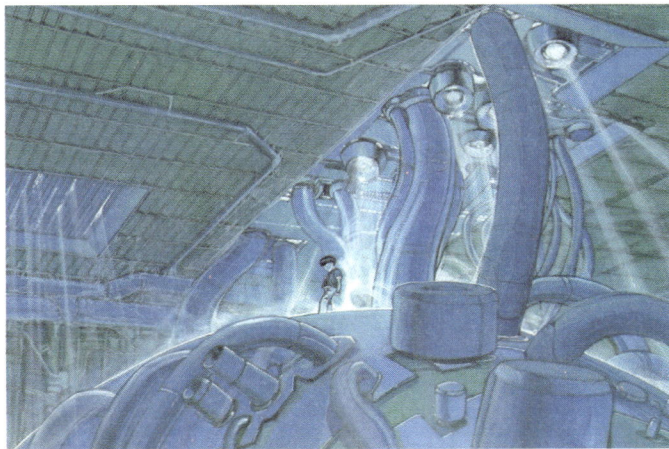

图7-44 动画片《阿基拉》的背景设定 大友克洋（日本）

本章小结

　　本章主要讲解了场景在二维动画片前期设定中的地位以及作用，并且详细阐述了场景的分类、风格、色彩。本章讲解了场景构图的基本方式，为以后更深入地学习描绘场景做好了准备。

训练和课后研讨题

（一）训练题

1．练习描绘不同透视下的场景草图。

2．练习用色彩描绘场景。

3．大量进行场景速写练习。

（二）课后研讨题

思考如何利用不同的场景构图来更恰当地表现剧情。

第8章
二维动画场景的绘制方法篇

8

主要内容：

● 本章主要讲解二维动画场景的各类表现方法及设计程序，并以手绘动画场景为例讲解演示场景的绘制步骤。

重点难点：

● 场景的设计程序及方法是本章的学习重点，场景的绘制方法是本章的学习难点。

学习目标：

● 通过本章的学习，能够较熟练地根据剧情的需要设计和绘制二维动画场景，并能基本符合二维动画片的技术制作要求。

8.1 场景的表现方法

8.1.1 具象写实类

具象写实类场景是基于客观现实的一种艺术创作，此类场景的空间布局与环境氛围均基本符合自然场景特征以及客观现实，同时遵循人们日常心理视觉习惯，在视觉效果上具有强烈的亲和力。写实类场景大多绘制严谨，质感体现丰富，具有高度的可信度，往往可以营造出一种身临其境的感觉，非常符合大众的审美习惯，如图8-1所示。

写实类场景的运用在传统动画片中较为常见，是一种非常多见的艺术形式，从造型角度讲，不单要充分考虑到时代特点与地域特色，并且要符合其所处年代的历史真实性与场景存在的科学性。在场景画面写实的处理方法上需要着重注意光影、材质、透视等几个方面。

图8-1 场景设定（1） Penny（中国）

在光影的处理方式上，需要遵循自然的光学色彩规律，即依据客观观察以及科学分析，创作出符合日常生活所能见的投影效果，同时要从整体上明确投影角度符合自然规律，如图8-2所示。

写实类场景不容忽视的一个重要元素为场景质感的体现，质感表达效果的好坏可以直接影响到场景的写实效果。可以说在自然界中所存在的物体几乎都拥有其独特的质感，有时相同造型的物体因其质感的不同，可以很明确地对他们进行区分。对于质感的塑造，首先可以考虑其在自然界所处的形态，如气态、液态与固态，并对其透明度进行区分与定位，其次要考虑的问题是其

图8-2　场景设定（2）　Penny（中国）

所属的触觉类别与视觉类别，如表面所带有的纹理以及其触感是粗糙还是光滑，或进行更为细致的分类：是湿润如苔藓般光滑还是如坚硬的玻璃般光滑等。这些都是在前期设定时需要考虑进去的内容。当前两点因素有了定论之后，需要着重把握的就是光影的塑造，包括物体的投影以及反射与环境光的作用。质感的成功塑造可以加深场景的存在感，进而创作出剧情所需要的艺术效果。

在写实类场景中所涉及到的透视绘制图以及透视角度的选择上都应遵循常规而科学的透视关系学与透视定律。透视角度的选择不仅要符合剧情，同时要考虑到角色视角与观众视角的和谐。透视图的绘制则需遵循平行透视、成角透视等科学法则。

"写实"是基于对客观事实的提炼，并非完全地生搬硬套，在基于生活元素的常规印象中，对其进行设计编排与艺术化的处理才是动画场景设定的最终目标。

8.1.2　抽象意识流类

抽象意识流类作品的场景设定大多为超现实的表现手法，往往富有强烈的艺术感情色彩以及极度的自我表达的绘制特征，不受拘泥的造型与夸张的透视角度较为多见。此类动画大多为实验型动画短片，对传统动画的审美定式有一定的冲击作用。

变形为抽象意识流类场景表现的主要手段之一，即作者根据主体思想的需要将场景中所涉及到的元素进行不同程度的拉伸、夸张、变形与错位组合等设计，改变了其所固有或常见的形态，进而使其更富视觉张力与艺术表现力。更为抽象的场景造型隐含于单纯的点、线、面之中，将琐碎的细节摒弃，仅把握形与画面构图的形式，以最简洁的艺术元素来表达最直接的场景效果。

由于抽象意识流类作品的形式感极强，所以在场景的表现方法上不需拘泥于客观现实，根据作者的需要，可以进行大胆的设计，对传统进行颠覆。只要有益于主题的表达，夸张甚至类似荒诞的场景设计都是符合此类影片的设计定位的。

场景笔触的运用亦可不拘泥于精准的绘画模式，可以进行多方位的探索，如游动式笔触、滴洒式笔触或者单纯的线描。在作画工具上可以尝试有选择地摆脱画笔，运用刮刀等工具进行一些特殊的纹理制作。

8.1.3　综合材料类

　　动画逐帧拍摄的特性，为其在材料的选择上开拓了更为广阔的表现空间。综合材料类的动画影片可以全部由一种或者各种材料构成，也可以进行部分材料与绘制相结合的处理方法。动画材料的选择有着很宽的拓展性，设计师可以根据自身影片形式特点的需要选择适合的材料，也可以尝试纯粹的材料实验动画，为动画影片的表现形式进行多方面的探索。

　　由于各种材料具有自身的强烈个性，应用在动画影片的背景设计中，应注意不要使材料在画面构成中处于无用地位，材料的选择与应用是动画设计师思考与创造的结果，背景的风格与简易程度需根据材料的可操作性进行定位与确立。绘制角色与材料背景相结合的动画影片，应先将主要背景制作完成，可以先进行场景拍摄，然后根据镜头将角色的动作进行绘制与调整。由于记录材料动画的主要工具为相机，所以在拍摄之前，需要确立相机的固定位置，材料所处环境光线的布置等因素。根据影片需要，材料动画的场景可以布置为袖珍的立体仿真场景，也可以布置为平面类材料元素构成的场景风格。例如，沙画就是用细沙作画，将动画所展示的元素用逐帧摆拍的形式进行制作。沙画往往不做场景与角色的单独处理，一般情况之下，以细沙为材料的动画是将细沙按照逐帧运动的方式进行调整形态的，可改动性较小，需要制作者对细沙与原动画有很高把握。由于细沙的物理性质较为松散，所以由细沙制成的动画场景往往较为简单，不易进行繁杂的造型，同时由于此特点，也表现出一种特定的意境美，如图8-3所示。

图8-3　沙动画　Ferenc Cako（匈牙利）

8.1.4　计算机技术与软件

　　在二维动画影片的场景绘制中，常常会应用计算机技术与相关软件进行参与或调整。计算机技术与软件的配合使用，为我们提供了一个可以更加便捷工作或者提供多种可能性实施的设计表现平台。由于应用数字技术表现场景需要考虑的因素较多，大多数数字场景的表现并非应用某种软件就可以完全解决，常常需要多种软件之间的相互配合，如Photoshop、Painter、3DS Max、Maya等。要想将脑海中的场景表现出来，并非一件非常容易的事情，往往需要作者掌握充足的相关技术知识。

　　动画影片《泰山》是计算机制作场景的成功典范。首先建设所需场景的模型，如果建立复杂场景，尽量确保场景模型的面数较少，以便于计算机的运算，如图8-4所示。然后根据动画运动角度制作材质贴图，场景建模中没有表现的繁杂效果可以在贴图中绘制完成，如图8-5所示。其次进行调整和具体测试，以便于展现在镜头中的场景达到预期效果，如图8-6所示。最后与二维背景结合，调整布光与材质等诸多因素，确保最终影片效果与角色相融合，如图8-7所示。

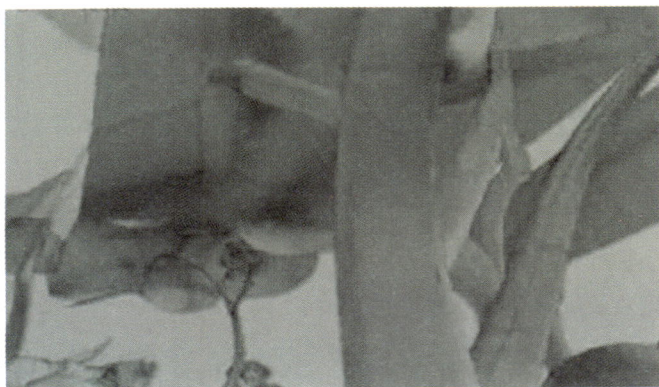

图8-4 动画片《泰山》（1） 迪斯尼（美国）

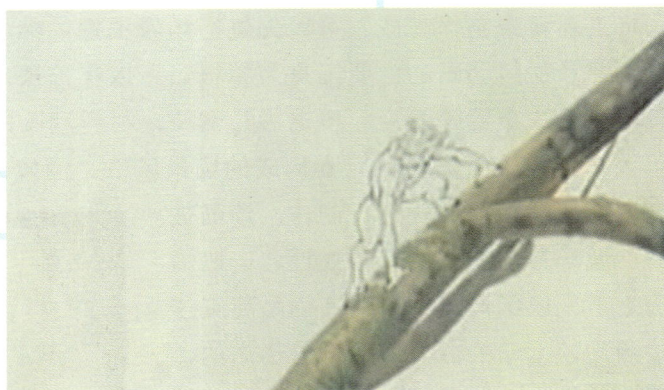

图8-5 动画片《泰山》（2） 迪斯尼（美国）

图8-6 动画片《泰山》（3） 迪斯尼（美国）

图8-7 动画片《泰山》（4） 迪斯尼（美国）

8.2 场景的设计程序及方法

8.2.1 确定主次场景的数量

　　动画场景的设定即为故事发生所处的空间环境，包括内景、外景以及与场景相关的道具。由于场景是营造气氛、增强影片艺术效果的重要因素，所以在进行场景设计时，首先应从宏观的角度来规划主次场景的数量、分布等先决要素。整体造型意识是动画场景设计所必须遵循的必要原则，在场景创作之前，对于影片整体空间的造型有一个完整的分配计划。其次，需要考虑各个场景之间的时间与空间的连续性是否相互融合。将整体与各部分个体场景的空间环境编排好之后，才能进入具体考虑细节的工作阶段。

　　场景设计是造型师对影片整体空间环境的创作以及对单元场景空间环境的设计。动画影片往往由若干组单元空间环境组成，这些成组的单元空间环境又可以划分为更小的单元场景，因此，需要设计师对影片场景的数量进行宏观的把握。在设计之初先做好必要的统筹，以利于在实际绘制中整体场景的协调统一。在整体场景的数量确立过程中，首先要遵循影片发生发展的故事情节，确定出必要的功能性场景；其次将这些场景进行艺术化处理，即场景与场景之间的合理连接，补充出必要场景间过渡所需的协调场景，确保影片场景过渡的合理化与连续性。根据剧情来区分主次场景，明确需要特写镜头的场景，并作出相关标注。确定总场景的空间分布图、全景构图以及室内外场景的具体规划。相同场景不同角度的空间绘制归为一组。根据整体构思，明确可重复利用场景，避免资源的重复与浪费。

　　良好的规划是场景设计落实之前的必要手段，是保证动画品质与设计制作顺利进行的关键。主次场景数量的确立不仅可以对繁杂的设计图进行规范，同时可明确工作任务并分配进度的合理安排。

8.2.2 绘制平面及立体图

　　绘制场景的设计图需要设计者对场景有整体意识，平面图的展示是最直观的场景空间规划的示意方式。平面图不仅标志了场景的方位以及空间大小，而且可以指示出角色的活动空间。

　　场景的平面设计图是将场景中所包含的物体，经水平切割后用俯视投影的方法进行描绘，也可以说是场景顶面的剖面图。在绘制平面图的过程中，不仅要描绘出场景中家具、梁柱甚至盆栽的大小，同时要标明其摆放位置以及相隔距离。场景的平面设计图需要解决空间内的物体平面形态以及组合方式，物体相互间的比例关系尽量精准，以便于为下一步立体效果图的绘制提供明确的指示。绘制成稿的平面图可根据需要进行粗略的着色，使空间效果更加明朗。

　　平面图的具体绘制方式可以参照建筑平面图的绘制方法，软件AutoCAD的应用有利于修改与复制。在制图过程中，可以使用一些基本的通用符号，如图8-8所示，也可以根据导演或者设计师要求应用一些特殊标记。基本步骤可以概括为从外向里从大到小的绘制方法。首先，应确定场景的大体轮廓与界限，分配好各个空间所处位置，若首先从细节入手，不利于部分与整体间的相互协调。其次，绘制主要建筑或墙体，使空间布局趋于明朗。在墙体中绘制出门窗，若有必要，需要标明门窗的开口方向。再次，可以对空间进行更加详细的标注，如楼梯的位置、桌椅或者吊灯的摆放等。

名称	图例	名称	图例	名称	图例	名称	图例
单扇门		推拉门		固定窗		推拉窗	
通风道		烟道		坑槽		孔洞	
楼梯平面图	底层 中间层 顶层			座便器		水池	
				墙预留洞	宽X高の底(距室中心) 标高XX.XXX		

图8-8　平面图应用符号

　　立体图是将平面图转化为空间环境的必要步骤，通过立体图可以更为直观地体现空间效果。在平面设计图的具体规划之后，设计师可以更加精准地绘制出相应的立体效果图，进而使场景拥有空间环境的立体感，如场景的高度与陈设物品的凹凸形态。在此步骤中，需完善在平面图中没有画出的屋顶。如有需求，可以使用Maya、3DS Max等三维设计软件。手绘立体图最基本的即为解决透视问题，常用一点透视法或两点透视法，其次应由近及远进行绘画，先画主要的结构线。确立了主体结构线之后可以从近处的空间结构进行描绘，在描绘过程中需要注意物体间的遮挡关系，被遮挡住的结构可以不用画出，若有特殊需求，可以用虚线进行表示。下面是一组场景设定的立面图与立体图，立面图确定了场景的高度，并在右侧标注角色身高作为比例的示意。立体图分别绘制了具有遮挡关系的整体立体效果和去掉遮挡关系的内部空间效果，使场景结构更加分明，如图8-9所示。

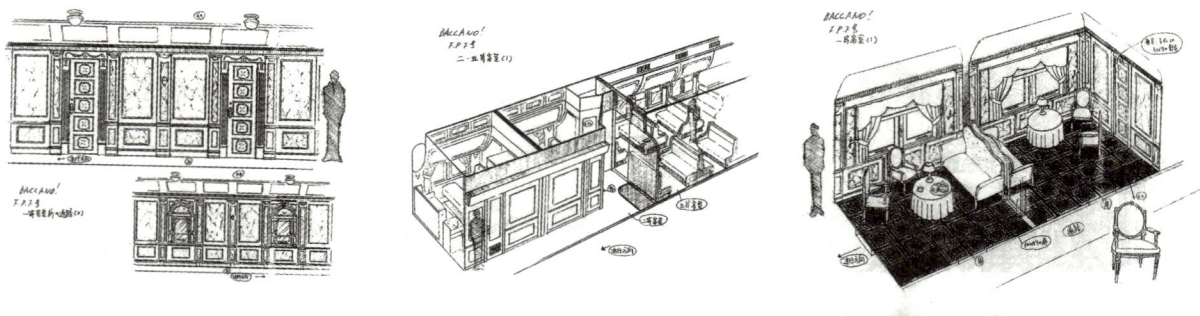

图8-9　场景设定立体图

　　绘制立体图最为重要的是掌握透视方法，透视是利用二维手段展示三维空间的科学绘画方式，如图8-10所示。灭点即是视平线上的一点，是物体透视线最终的消失点。在所有透视表现方法中，都离不开灭点的使用。一点透视只有一个灭点，在画面中所有物体的延长线都消失于该点。一点透视适于表现画面的纵深感，在室外场景的应用上有较明显的优势。顾名思义，两点透视即是拥有两个灭点的透视方法，也叫成角透视。由于物体的构图与摆放常常形成特定的角度，所以需要用到两点透视方法，这种透视方法可以精准地体现物体在空间中存在的形态。

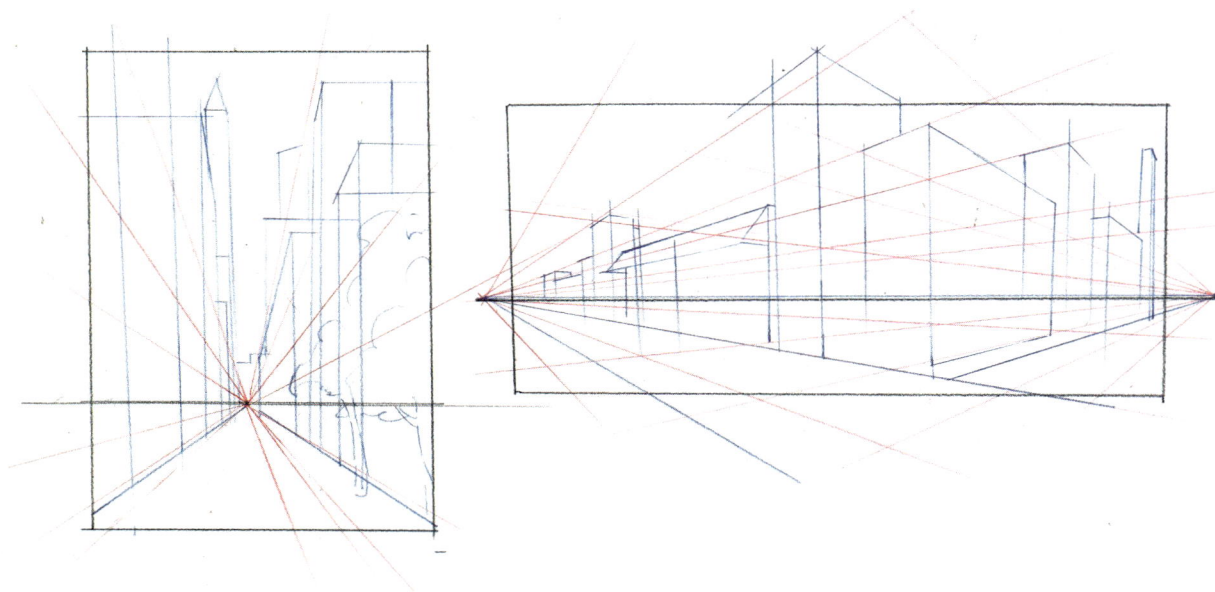

图8-10　一点透视及两点透视　高思杨（中国）

　　三点透视拥有三个灭点，较两点透视相比，三点透视可以体现出物体的空间高度，十分有利于高大建筑的表现，如图8-11所示。三点透视方法可以为画面带来强烈的画面视觉冲击力与透视感。视点低时，表现高度的灭点在画面上方；视点高时，表现画面深度的灭点在画面下方。

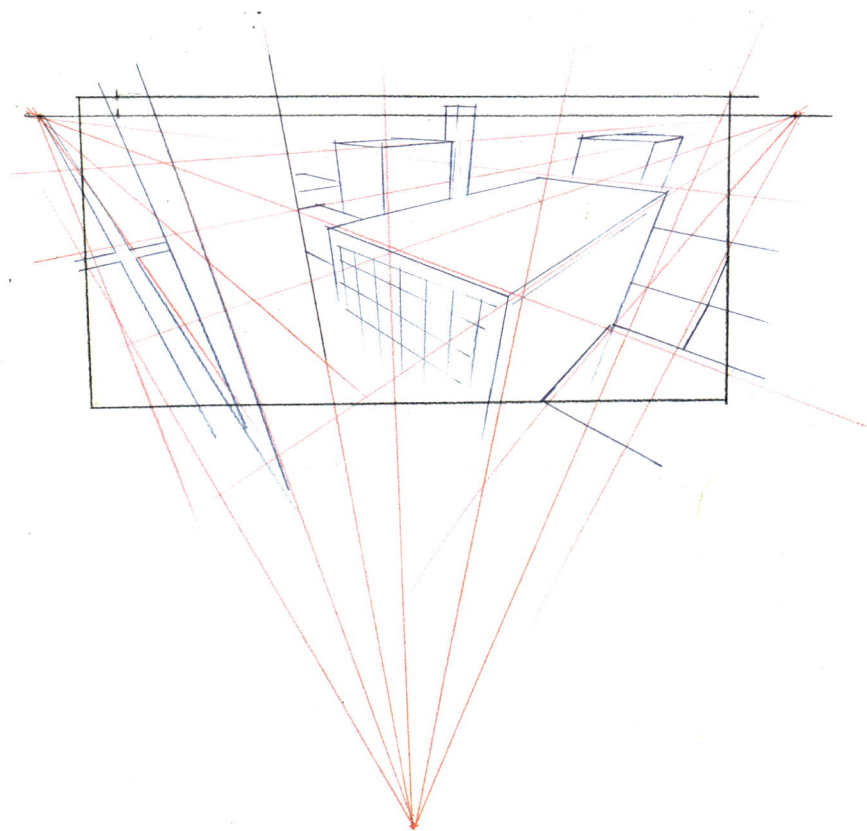

图8-11　三点透视图　高思杨（中国）

8.2.3　选择场景的视角和画面结构

视角即为物体两端射出的两条光线在眼球内交叉而成的角度，与观察物体时眼睛所处的方位或远近有着密切联系。距离所观察物体越远，视角越大。动画场景的视角用于引导观众对场景的感知范围与程度，视角不同，所展现出的重点与程度也会有所不同。视角的多种选择可以体现出作者对于场景与角色之间关系的判断与表现。在视角的选择上，必须与画面所要表现的内容相统一，如广阔的视角多用于影片对故事发生地点的总体交代，亦或对自然景色的表现。视角的选择与画面结构有着相辅相成的关系。画面结构是艺术作品中最基本的单位，同样也是动画片构成的基本要素。

画面结构参与整个动画影片的画面叙事过程，在场景之间的组接中，画面结构又要设计好镜头间的调度。由动画片的本质所决定，整个影片成功的关键都在于前期制作的工作，所以场景的画面结构对整个动画片来说显得尤为重要。视角是画面构成的基础，每一个场景的画面结构无不是视角最终的外在体现。视角是画面结构的潜在形式，画面结构也是体现视角的最基本元素，如图8-12所示。

画面结构即为构图的精髓，自然是场景设计的重点。视角的选择与画面结构的安排是为了表达自身的

图8-12　动画片《恶童》　松本大洋（日本）

主题而对画面中所有的造型因素进行一种合理的配置。在场景绘制的过程中，需要注意将视觉画面的精彩点——故事发生的主要方位设计在视点上，也就是说安排在画面结构的主要位置，若能安排好画面结构的主次关系，所绘制场景的核心内容才能够凸显出来，也是场景参与故事叙事的价值所在。如第81届奥斯卡最佳短片《回忆积木小屋》中两个视角完全不同的场景。其中一个为影片刚开始室内场景的交代，用中景来交代挂有家人照片的室内生活空间，从室内的全景来看布置简单，老人坐在桌子旁吸着烟，在这里画面构图就采用了传统绘画的成角透视图法，以强调室内的空间感，构图虽然使用了中景，却选择了可视空间的较大视角，同时视点略高，这就非常自然地表现出了室内的简洁、空旷与冷清，如图8-13所示。

另一个场景选择了老人所居住室外的一个大全景，运用了大视角进行定位，有利于展示环境

图8-13　动画片《回忆积木小屋》（1）　加藤久仁生（日本）

图8-14　动画片《回忆积木小屋》（2）　加藤久仁生（日本）

全貌，同时还应用传统绘画的散点透视法，海天一线，远处两艘船在海面上缓缓地相向移动，水上飘着几个积木样式的建筑物，建筑物大小错落，近大远小，呈现给观众一个大的环境关系——老人生活在漂浮的世界里，产生了位置上的空间感和对比感，如图8-14所示。

8.2.4　确定场景与角色的比例关系

　　动画场景设计与角色的比例关系是动画设计中非常重要的一部分，场景作为影片画面效果展示的主体，它在很大程度上影响着角色的活动范围。了解此场景将要发生的故事情节后，作者应该结合在场景中出现的角色大小来对每个场景进行具体构思，要保证角色在场景中不单可以完成规定动作，而且要符合角色自身应有的比例关系，只有结合角色设计稿来绘制场景的大小，才会最终呈现出舒服且精准的角色活动空间，如图8-15所示。

图8-15　有人物活动的场景设定　Laurent Audouin（法国）

　　在确定比例关系时，首先应注意画面的基础结构，依据剧本确立了视角之后，将所要描绘场景的主要内容安排在画面之中，注意构图的均衡与韵律。首先根据场景立体效果图所提示的主要物体的透视线，用简单线条拉出视平线、地平线与灭点等，之后就可以勾勒出角色在这个空间中的位置与大小等，此时着重处理的是场景与角色的比例关系，此阶段可以参照分镜图示进行调整，需要考虑到镜头所拍摄到的画面构图，在此之后便可着手进行具体绘制了。由于场景具有空间感，可以为观众带来视觉纵深的感受，而形体更多体现的则是体积感，场景与角色在画面所占的比例能否和谐，主要取决于画面元素是否均衡。动画影片的画面中所呈现的平衡感受大多是观众依靠日常视觉平衡的经验积累而形成的心理平衡。动画场景的画面结构的完整性，一定涉及到设计稿中人物的比例与场景透视的相互配合，如图8-16所示。只有基于动画前期设定工作准备得较为充分的条件之下，角色未来将要进行的原动画才不会偏离合理的运动轨迹，不仅可以提高整个团队的工作效率，保证不必要的改动，同时影片所呈现出的假象空间才具有信服力，符合科学的透视规律，也更易拉近观众与影片的距离。

图8-16　场景设定　Laurent Audouin（法国）

动画片《恶童》的镜头感极强，场景具有强烈的透视关系，对角色的快速运动中视角的大小变换，场景间的相互调动等因素处理得尤为精彩，角色与场景比例关系和谐，既保持了影片场景的空间结构的完整性，同时也按照角色相关的动作设计与场景关系，设计出符合角色运动的场景透视。如图8-17所示，使角色较大的运动幅度不脱离场景空间的透视，将场景与角色比例关系协调好，这样所呈现出的画面效果不仅精准舒服，且均衡、饱满。动画片《恶童》的场景设计，视角上采取了广角这一形式来体现场景环境的宏伟，并准确地权衡了角色与场景的空间变化，镜头追随角色运动的变化，场景也随着角色运动的变化而转变透视结构与比例关系，使角色的一切运动都不脱离场景的透视，如图8-18所示。

图8-17　动画片《恶童》（1）　松本大洋（日本）

图8-18　动画片《恶童》（2）　松本大洋（日本）

8.2.5　场景的绘制方法和步骤

将上述因素考虑周全之后，已经接近我们所需要完成的最终场景了，此时需要设计师对场景的细节进行刻画以及对环境的具体描绘。绘制场景的首要步骤是确定细致的构图。确定了视角之后，要根据具体的透视方法将场景里涉及到的物体，无论主次，分别绘制明确，如有必要，可以将最后确定的线稿拓印至干净的纸上。确定了场景的线稿之后，可以明确地区分具体形体，接下来可以为场景进行着色了。首先，要将场景的物体的明暗关系进行区分，大致分清场景各物体的色彩基调，确定光源。根据场景所需表现的具体氛围确定统一色调，铺出场景各物体的底色及固有颜色，其次就是根据场景中各个物体不同的质感进行具体描绘了。质感的精彩绘制，不仅可以丰富画面，也可以提升场景的整体氛围效果。

　　步骤一：先画出视平线的所在，然后在视平线上找到两个消失点，并且勾勒出参考线，这样，大体的空间以及前后关系就出现了，如图8-19所示。

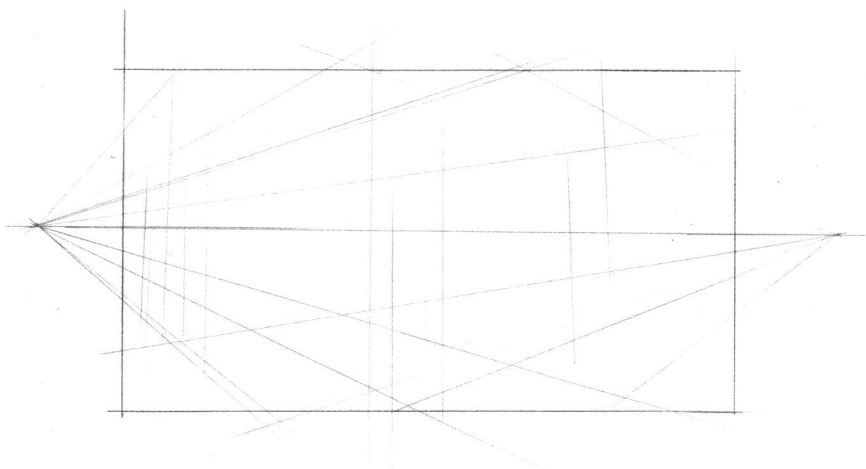

图8-19　场景设定步骤图一　高思杨（中国）

　　步骤二：根据透视线开始描绘建筑物，这一步最重要的是建筑整体的透视关系，一定要严格按照透视线来画，不需要急着刻画建筑的细节，如图8-20所示。

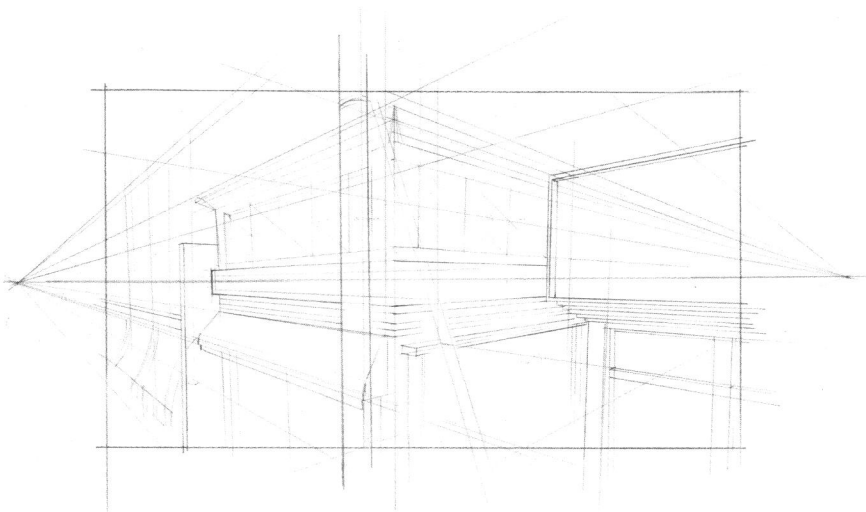

图8-20　场景设定步骤图二　高思杨（中国）

　　步骤三：在确定完建筑的透视以及大体形态后，接下来就可以深入刻画细节了，但是仍然需要根据透视线来画。透视线是描绘背景最重要的辅助线，从开始到结束时刻都要严格地按照透视线来画，如图8-21所示。

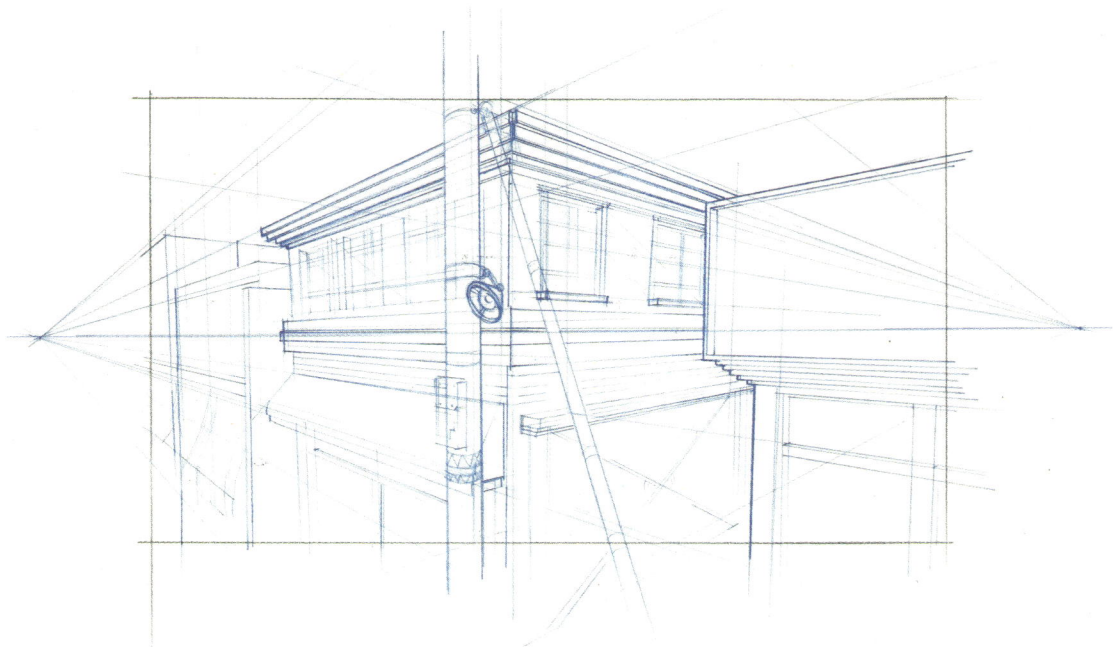

图8-21　场景设定步骤图三　高思杨（中国）

步骤四：继续深入刻画，直至达到预期效果。为了使画面层次更丰富，在前景层加入了一根电线杆，在背景层加入了一些云朵，这样构图会比较饱满，如图8-22所示。线稿的绘制工作到这一步就基本结束了，接下来是上色的过程。

图8-22　场景设定步骤图四　高思杨（中国）

步骤五：将画好的线稿扫入计算机，用Photoshop软件开始上色，先用蓝灰色铺满整个画面，然后确定一个光源的方向，并在亮部加入冷黄色，暗部加入些偏暖的暗色。这一步要用颜色找出整体画面的色彩关系以及明暗关系，确定了这两大关系后，再开始进行细致的刻画和深入，如图8-23所示。

图8-23 场景设定步骤图五 高思杨（中国）

步骤六：在确定了整体的明暗关系和色彩关系后，开始进行深入刻画，将建筑物的颜色和前层以及背景的空间拉开，如图8-24所示。

图8-24 场景设定步骤图六 高思杨（中国）

步骤七：最后，可以适当地在画面上加入一些细节，再略微调整一下整体的色调，整张背景的上色过程就结束了，如图8-25所示。

图8-25 场景设定步骤图七 高思杨（中国）

图8-26是一套简单快捷的背景创作步骤，每一步都非常具体，是很好的学习参考资料。

图8-26　场景设定（1）

　　绘制场景的过程中，需要注意色彩以及光影的具体应用。场景中物体均有不同的受光面，根据质感的不同，其所传达出的光感也各不相同。光线在场景中可以改变物体的固有颜色，使其带有各种不同的颜色倾向，如图8-27所示。如傍晚时期的场景，物体的受光面往往倾向于暖色，暗部偏冷；清晨时期的场景，物体受光面明亮而偏冷，暗部反而偏暖。这些因素在绘制过程中需要考虑周全。动画片《回忆积木小屋》中的场景设定，颜色较为通透，草图大致勾勒出场景的主要色彩倾向，区分开物体的明暗面，确定了主光源。在最后的完稿阶段，根据整体背景进行了颜色的调整，并绘制出具体细节，同时注重了整个画面的和谐统一，如图8-28所示。

图8-27　场景设定（2）　Penny（中国）

图8-28　动画片《回忆积木小屋》　加藤久仁生（日本）

本章小结

　　场景在动画影片中起到交代时空背景、营造情节氛围等作用，是动画影片不可或缺的一个重要组成部分。本章对场景的绘制步骤进行了详细的讲解，在场景的绘制方法中，透视的表现为较难掌握的知识点，质感的绘制效果则需要长时间的绘画经验与对生活的认真观察。总而言之，较多实践才会创作出精彩的场景艺术作品。

训练和课后研讨题

（一）训练题

1．绘制规定故事情节的系列主次场景效果图。
2．根据已有的顶面展示图进行多角度透视练习，展现不同摄像机视角下的空间关系。
3．在相同场景设定下，根据清晨、正午、傍晚不同的时间段进行合理的配色练习。

（二）课后研讨题

1．分析不同的空间设计为观众所带来的心理感受。
2．思考不同风格场景绘制与应用的优缺点。

第9章
二维动画特效造型设定篇

主要内容：

● 本章主要讲解特效设计在二维动画片中的种类及设计方法，并阐述特效造型在二维动画美术前期设定中的具体作用。

重点难点：

● 特效的设计方法是本章的学习重点和难点。

学习目标：

● 基本了解特效的设计方法，明确特效造型在二维动画美术前期设定中的具体作用，并能在自己的短片创作中应用。

9.1 特效造型设计在二维动画中的作用

二维动画影片有着独特的艺术魅力，它通过生动有趣的卡通动画形象以及复杂多变的艺术表现手法，充分满足了人们视觉感官的新鲜感，拓展了人们的想象力。而特效设计是动画制作过程中必不可少的一个环节，其在动画片制作过程中起着举足轻重的作用。

动画影片的制作离不开特效的渲染，其在各种动画影片中均有不同体现。迪斯尼经典动画《小马王》将计算机技术完美地融入影片的制作中。其中马群奔驰在水面的特效镜头由计算机处理完成，效果逼真且大气磅礴，马蹄奔驰所飞溅的水花细碎真实，将水的物理特性逼真地展现出来，如图9-1所示。影片开篇涉及到一处瀑布的特写，泉水清亮灵动，波纹细腻柔滑，如图9-2所示，此处画面将水的动静形态进行了不同的展现，将视觉特效做到以假乱真的效果，为观众带来了令人惊叹的视觉感受。

图9-1 动画片《小马王》（1） 迪斯尼（美国）

图9-2　动画片《小马王》（2）　迪斯尼（美国）

　　相比之下，宫崎骏执导的《悬崖上的金鱼姬》的特效则较为细腻与含蓄，在影片中多处用到光晕的视觉特效，如波妞变成人类后来到宗介家的室内场景，灯的光感得到了细致的体现，光晕的颜色与场景衔接的地方进行模糊与透明度的处理，使其柔和而更加贴近客观现实的光晕效果，如图9-3所示。而传统手绘系列动画短片《兔八哥》中运用大量的手绘速度线来体现角色运动的速度与轨迹，简单且形象地将"速度"这一抽象效果用画面语言表现出来，如图9-4所示。团状烟雾也多次出现在短片的不同情景之中，将现实生活中柔和形态的烟雾进行实边的艺术处理，这种单纯且形象的特效艺术处理手法为影片增添无限的趣味性，如图9-5所示。足以看出，动画影片的制作离不开特效的运用，特效的合理添加可以使影片的画面效果更加真实且增添了画面视觉构成的趣味性，为影片的创作带来了可贵的生机与活力。

图9-3　动画片《悬崖上的金鱼姬》　宫崎骏（日本）

图9-4　动画短片《兔八哥》（1）　美国华纳兄弟公司（美国）

动画特效的造型设计一般在分镜头中有相关标注，在设计稿流程中进行详细的绘制与说明。由导演或者设计师绘制出其主要形态与必要的运动轨迹，时常配以文字进行相关效果的诠释。完美的特效制作并非技术手段的极致展现，而是技术与艺术的完美融合。特效的制作目的为渲染影片气氛，同时也可以进行某些影片情节的辅助说明，动画制作过程中出现的小失误也可以酌情用特效手段进行修补。合理的特效运用应融合于影片本身，在增添影片画面效果的同时不必过于张扬，仅为体现效果的极致而摒弃影片的全局效果尤为不可取。特效的运用应合情合理，甚至有时最好不易被观众所察觉，以免主次倒置，分散观众的注意力。

图9-5　动画短片《兔八哥》（2）　美国华纳兄弟公司（美国）

动画片《米芽米咕人》中，生命之树的种子被设计为发光的视觉效果，这为其增添了一丝珍贵与神秘感，在暗色的环境氛围下尤其耀眼，有一种暗喻的作用隐含其中，如图9-6所示。试想，若此处不加以光效处理，则种子将失去很大的吸引力，其珍贵的地位甚至无法彰显出来。

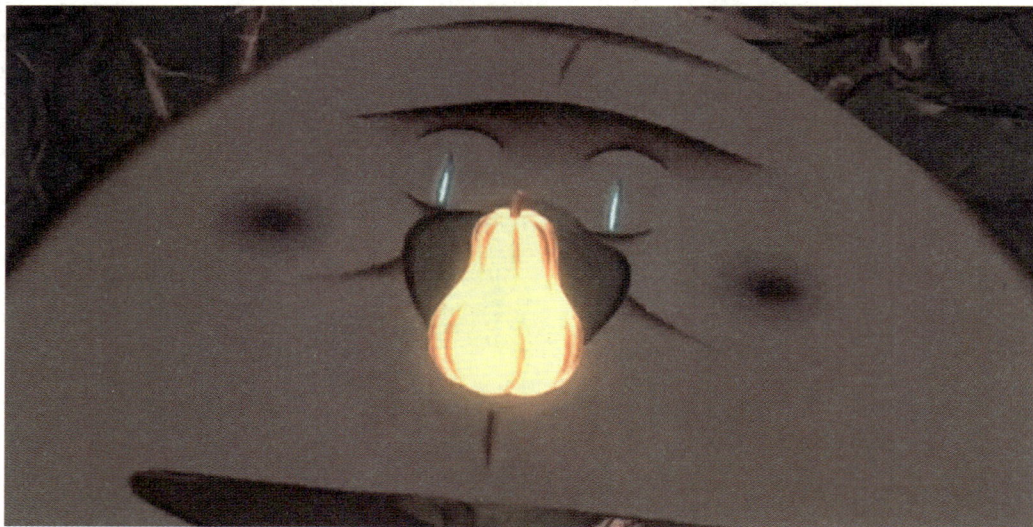

图9-6　动画片《米芽米咕人》　Jacques-Remy Girerd（法国）

9.2　特效的种类及作用

特效即为利用某种手段制作出现实环境一般情况下不会出现的特殊效果。在二维动画影片中，特效可以分为手绘和计算机制作两种方式，主要模拟烟雾、光、电、水花、火、飘雪甚至声音等影片需要的特殊效果。图9-7～图9-11为迪斯尼动画影片《公主与青蛙》和动画片《龙珠》中的特效应用。

图9-7　动画片《公主与青蛙》（1）　迪斯尼（美国）

图9-8　动画片《公主与青蛙》（2）　迪斯尼（美国）

图9-9　动画片《公主与青蛙》（3）　迪斯尼（美国）

图9-10　动画片《公主与青蛙》（4）　迪斯尼（美国）

　　手绘特效是动画影片最具历史也是至今仍较为常用的一种方法。根据不同的处理方式可以进行进一步的分类。在原画中添加特效是二维手绘特效最常用的一种手段。一般情况下，在原画中将所需特效直接进行绘制，随着原画的运动，特效也绘制出相应的中间画。在原画中也会添加速度线等手法进行速度与冲击力的表现，如图9-12和图9-13所示。手绘特效的特点是具有强烈的绘画感，与二维手绘动画影片的风格较为融合，视觉效果自然舒适，形体灵活多变。

图9-11　动画片《龙珠》　鸟山明（日本）

图9-12　速度线表现方法　高思杨（中国）

图9-13　动画片《龙珠》速度线表现
　　　　方法　鸟山明（日本）

动画影片还有一种较为常见的特效种类，即镜头之间相互连接的转场效果。转场特效的应用，可以将动画影片的内容更加有层次地体现出来。转场特效的处理手法较多，可以根据需要灵活运用，常见于淡入淡出、闪白、划像、翻转、叠化、多画屏分割等。较为常用的是淡入淡出的镜头转接效果，此效果具有明显的间隔作用且融合于各类动画影片风格。有时，动画影片的转场效果也会由原动画来表示，即用某一场景亦或物体的变形结果作为下一镜头的开场效果，如图9-14所示。

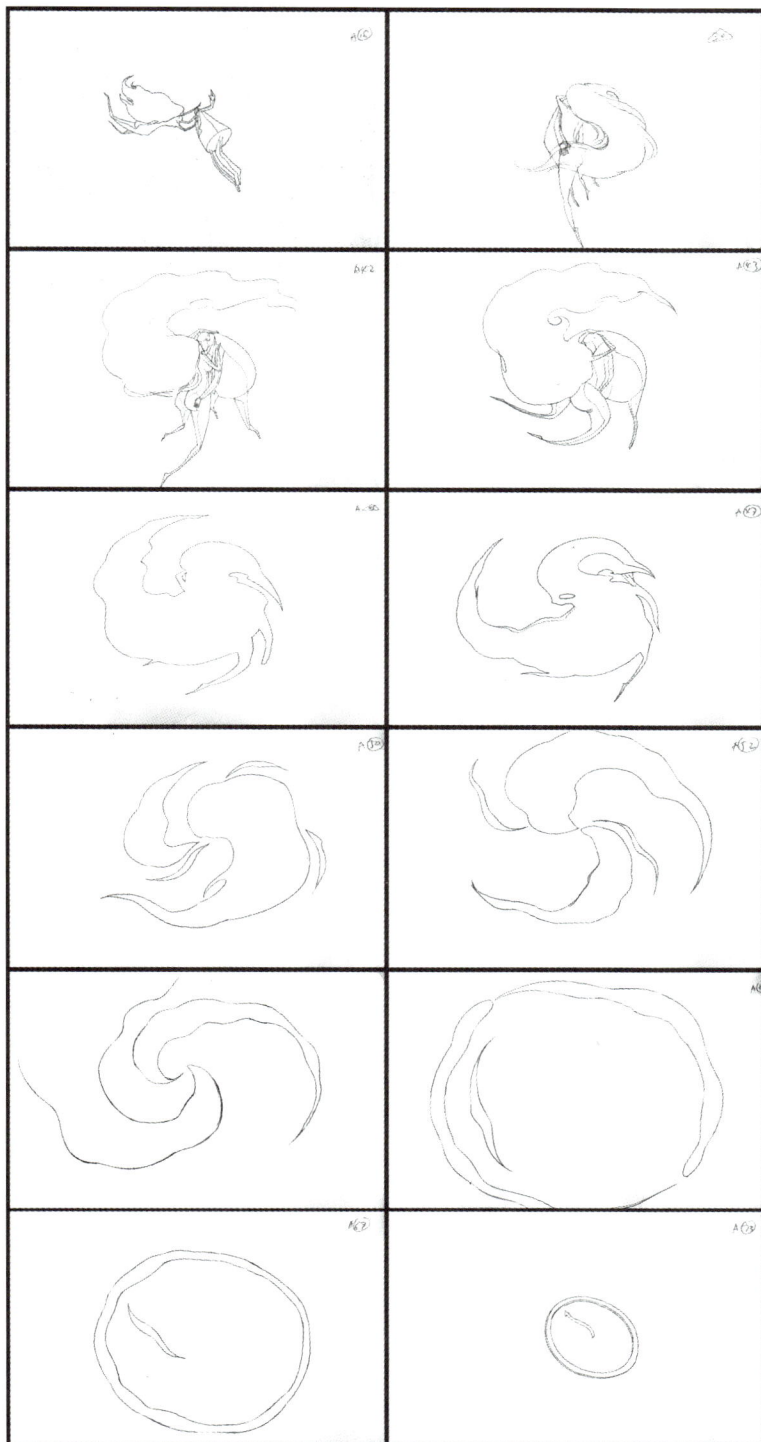

图9-14　原画转场　高思杨（中国）

软件的使用为二维动画影片的特效实现提供了多种可能性的平台。常见特效软件有After Effects、Adobe Premiere、Combustion等。数字特效较手绘特效有很大的不同，其可以模拟出接近现实存在的真实效果，视觉冲击力更强。数字特效制作光效、烟雾等效果有着手绘特效无可比拟的优势，在制作烟雾翻滚等特殊效果时，数字特效显然较手绘特效更节约时间也更加真实，如图9-15所示。不过特效应用的具体选择要根据内容与情节的需要进行定夺，如将绚丽的光效运用于手绘风浓厚的动画影片中显然是不合时宜的。当然，大多数情况之下，一部完整的动画影片特效并非由一两个软件就可以处理完成，需要多种软件之间的配合使用，才能达到最佳效果。

图9-15　数字特效烟雾

9.3　特效的设计方法

在设计二维动画片中的特效时，首先要构思该特效的实际作用，例如场景中的烟雾、水波纹反光，道具所发出的照明光，以及摩擦所产生的火花、震荡的模糊感、充满速度效果的线条等。这些效果在设计时如何掌握尺度，如何设计得恰到好处，如何将特效的风格和整部片子的风格统一，都是在设计特效时要考虑到的问题。拿烟雾来举例，二维动画片中的烟雾制作方法有很多，可以用CG直接生成动画，可以用单线勾勒出烟雾的边缘，然后在后期软件中进行边缘模糊处理，也可以直接画出烟雾的原画，对烟雾进行细致刻画、分色。虽然有很多种方法来绘制烟雾的特效，但是针对一部动画片来说，烟雾的设计一定要符合动画片的整体风格。如果是一部漫画风格的动画片，人物和背景都是以简单清爽的线条为主的话，那么加上CG制作的烟雾效果肯定非常不协调，因为CG制作的烟雾效果非常写实，更适合用在写实类的动画片中，在这种漫画风格的动画片中，使用单线勾勒的烟雾造型会和整体风格更贴切。在考虑完特效的风格后，接下来就涉及到如何设计特效的步骤了。

如图9-16所示，这是一张烟雾的设定稿，大体交代了烟雾的造型特点以及明暗分色，有了这张烟雾造型的参考，在接下来具体设计烟雾动态时就会简单很多了。

如图9-17所示，这张烟雾特效图就是根据前一张烟雾设定描绘出来的。首先要考虑好烟雾的运动方式，然后描绘出动态的烟雾造型，并且画出至少两张烟雾的动态图片，交代清楚烟雾运动的方式，这样原画师才能按照特效的设定要求进行作画。

图9-16　烟雾效果图设定　高思杨（中国）

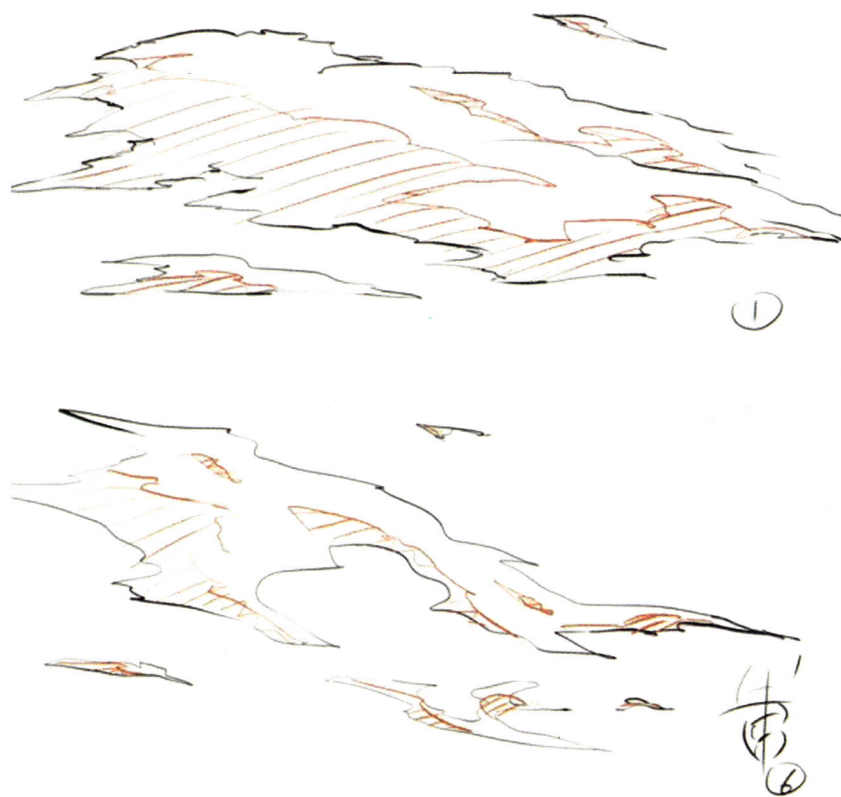

图9-17　烟雾特效原画　高思杨（中国）

　　如图9-18所示，这是一张闪光的特效设定图。在设计这类特效时要对光这类元素进行仔细分析，将这种一闪而过的感觉具体化，通过归纳好的造型把这种感觉表现出来。

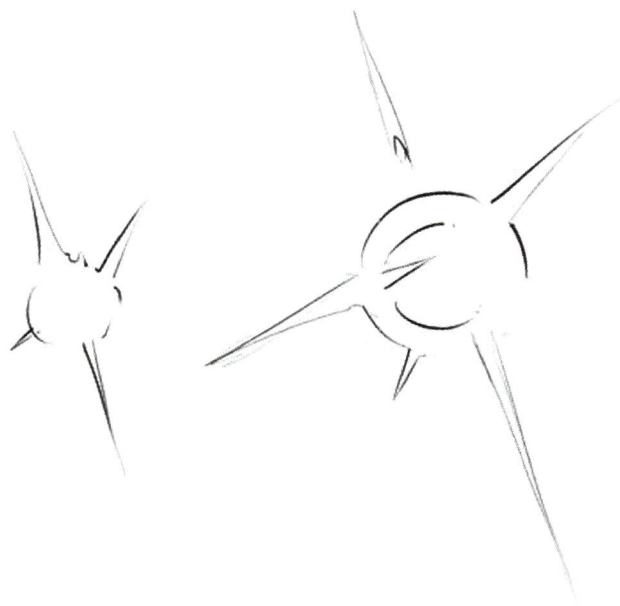

图9-18　光晕特效设定　高思杨（中国）

　　如图9-19所示，这是一张水波纹特效的设定稿。图中蓝色的区域表示在后期上色中要对其进行特殊处理，将蓝色的区域填充成高光的颜色，并进行适当的曝光处理，以达到接近于水的质感。

　　如图9-20所示，这是一张带有主光源光照的特效设定稿。图中红色的区域被描绘了出来，代表路灯所照射出来的光，在后期上色中会处理成明亮的颜色，并且以透明图层的形式覆盖到背景上，而蓝色的部分则是暗部，清楚地交代了主光源对背景产生的影响。

图9-19　水波纹特效设定　高思杨（中国）

图9-20　灯光特效设定　高思杨（中国）

　　如图9-21所示，这是一张爆炸特效设定稿。爆炸的过程被清楚地交代了出来，从爆炸的瞬间到爆炸的扩散，最后到只剩烟雾，清楚的三个步骤图将每个细节的造型和明暗分色都描绘了出来。

　　以上就是特效的设定方法，二维动画片中的特效有很多种设定方法，没有具体的规定，一般来说不但要设计出特效的外在造型特征，还要设计出特效从产生到变化再到消失的全过程。凡是能达到预期效果的设计都能成为特效，在平时的训练中可以在纸上随意发挥，然后用动检仪测试效果，也许会有意想不到的收获。同样，要加强平日里对自然现象的观察，因为特效大多数都属于自然现象，对风雨雷电这些自然景象要概念化，并且用概括的造型将其描绘出来，这些都有助于特效的设计学习。

图9-21　爆炸特效设定　高思杨（中国）

本章小结

　　本章对二维动画片中特效的应用和作用进行了详细的阐述，并图文并茂地说明了特效的种类以及如何设计特效，用较多的实例步骤图让读者更容易理解和绘制特效。

训练和课后研讨题

（一）训练题

1．参考本章所学，临摹不同种类的特效造型，每种特效画5张以上的步骤分解图。

2．设计烟雾、爆炸、水波纹的特效，用不同风格进行描绘。

（二）课后研讨题

根据特效的不同种类讨论哪一种特效更适合用于自己的短片创作中。

第10章
各国动画大师名作鉴赏篇

10

主要内容：

● 本章主要讲解如何通过观看各国和地区优秀动画作品来感受它们独到的创意想法、新颖的制作方式，以对动画美术前期设定更深层次的理解。

重点难点：

● 理解并掌握国内外优秀动画片的前期各类不同的艺术风格是本章的学习重点和难点。

学习目标：

● 基本了解如何恰当把握动画片的整体美术风格及艺术规律，并能在自己的短片创作中应用。

10.1 中国二维动画美术前期设定作品鉴赏

赏析各国优秀动画影片需要注重不同类型以及风格的影片所带来的独特欣赏角度。在观赏一部动画影片时，首先需要注意到内容与形式的选择与搭配，这关系到整个影片是否和谐。其次要着重分析角色设计的特点能否彰显角色的性格内涵、角色与场景的设计细节、颜色搭配、画面的构图以及新颖的元素或制作手段的应用等因素，在观影的同时，也要注意到影片的叙事方法甚至是镜头的组接。保持这些良好的观影习惯，不仅可以更加有条理地对影片进行学习与鉴赏，同时可以提升我们的审美能力与艺术修养。

动画片《小红军长征记》讲述了一群性格各具特色的小红军在长征过程中所遭遇的曲折经历和艰苦的成长过程。影片采取了写实性绘画表现手法，其中融入了中国特有的时代特点所包含的设计元素，使影片具有浓郁的中华文化艺术特色。动画片《小红军长征记》带有浓厚的学院派风格，绘画意味与造型的趣味性是其显著的优点。影片的角色造型取材于现实生活的提炼，如"龙伢子"的造型特点是根据其讨饭身份进行的提炼与创作，衣着褴褛，发型长而邋遢，十分贴近当时社会的现状，如图10-1所示。影片的反面角色"小喽啰"们的造型极富幽默感，夸张地运用了胖瘦、高矮的对比，为影片视觉画面的构图均衡起到了积极作用。其面部特征塑造较为传神，非常贴切地勾画出反面角色令人生厌的视觉效果，同时为战争小英雄进行了很好的衬托，如图10-2所示。动画片《小红军长征记》的服饰同样提

图10-1 动画片《小红军长征记》（1） 林超 苏夏（中国）

炼于抗战红军的衣着特点，军帽、腰带，便于行动的绑腿，草鞋与布鞋，军绿色的书包等元素均符合史实依据，较为真实地再现了战争时代的军旅生活。

影片的场景设定风格为写实性，保留了战争时代的建筑风格，再现了那个年代的时代风格，如图10-3所示。背景与场景设定的表现形式主要取决于影片的主题，动画片《小红军长征记》是一部历史性战争题材的教育片，因此若使用表现风格极强的绘画感与装饰风格对其主题的表现都是不适合的。

图10-2 动画片《小红军长征记》（2） 林超 苏夏（中国）

动画短片《十里坡打店》节选自京剧名段《武松打店》，是国内传统二维动画的典型作品，人物的造型设计借鉴了京剧中的脸谱元素，以京剧中的装扮特点为每个角色进行定位，造型精简概括，具有浓重的戏曲特色。服饰的设计上趋于现实古装又不同于现实的古代装束，其更注重服饰的装饰性和整体性，从整体的造型设定上颇具中国风韵，在此基础上融入了动画自身的特性，在设计上注重象征、夸张、变形等手法，使造型更具张力。每个角色都有自己特定的装扮，借以突出人物的性格特征，使观者能目视外表，窥其心胸，如图10-4所示。

图10-3 动画片《小红军长征记》（3） 林超 苏夏（中国）

图10-4 动画短片《十里坡打店》（1） 陆江云 洪万里（中国）

场景设定借鉴京剧戏台的设置，淡黄色做旧效果的背景，配合道具彰显出一种纯朴、粗犷的风格特色，为短片增添了几分历史的沧桑感。道具的造型趋于简洁，与较为丰富的角色设计形成鲜明对比。简洁的背景与道具设定衬托出角色丰富的动作表演，精致细腻的眼神交流，结合更趋于虚实结合的表现手法，最大限度地超脱了现实舞台空间和时间的限制，以达到"以形传神，形神兼备"的艺术境界，同时场景道具的刚硬与角色动作表演的柔美形成了强烈的反差，使视觉画面趋于平衡，为短片增色许多，如图10-5所示。

图10-5　动画短片《十里坡打店》（2）　陆江云　洪万里（中国）

10.2　港台地区动画美术前期设定作品鉴赏

动画短片《我说啊，我说》是一部新颖的类似于意识流的动画作品，该作品讲述了一个失恋的人，在情绪的低谷时期收到了不知寄给谁也无法退还的信件与包裹，于是对信中的主角所作出的一系列的无端的游离想象。这部交织着忧伤与幽默的动画，兼具东西方绘画风格，没有采取传统的分镜方式，而是改用一镜到底的表现手法，随着镜头推移，借助字幕来传达故事的具体内容。该艺术短片整体节奏非常缓慢，这与故事内容所需要的情感基调非常吻合，更加有利于忧伤气氛的烘托，如图10-6所示。

图10-6　动画短片《我说啊，我说》（1）　马匡霈（中国台湾）

动画短片《我说啊，我说》的风格设定很难用一个词来将它归类，在不足十分钟的短片演绎中，包含单线、淡彩、皮影戏等诸多元素。正是因为难以找到与之相似的同类影片，所以其带有独特的创造性。作者将"感觉"进行动画的具象化处理，场景与角色设定的比例进行了多种可能的搭配，不由得使观众耳目一新。此影片的动作设定不再遵循一般的动作规律，角色的运动、部分肢体的大小等因素，被作者进行了新颖的、有意识的更改，如图10-7所示。

如果说风格相近的艺术表现形式可以使动画作品完成后的风格统一，动画短片《我说啊，我说》这部作品则采用了太多不同风格的艺术表现形式，反而形成了一种更为新颖的统一。从作品的颜色处理方式上可以看出，作者并非采用了一种方法。既有淡彩般的晕染效果，也存在平面感极强的平涂方式，如图10-8所示。明亮的色彩与浓重的黑色并存于同一画面空间，形成了鲜明的视觉效果。影片大量使用了半透明的明亮色彩，却并未影响其感情基调，这源于作者所作的别出心裁的处理，即影片大量的镜头与画面都被做旧，如背景细碎的污点、淡黄色的旧纸质感的处理等，如图10-9所示。

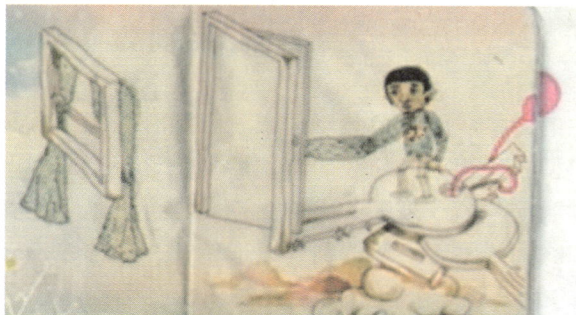

图10-7　动画短片《我说啊，我说》（2）　马匡霈（中国台湾）

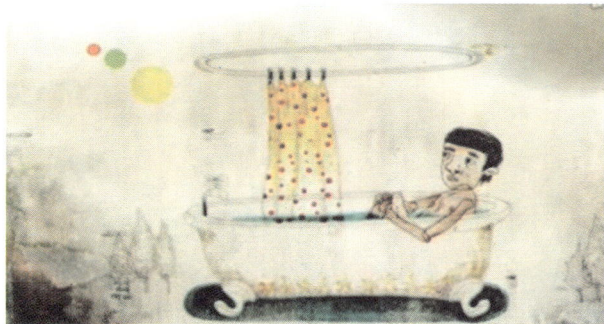

图10-8　动画短片《我说啊，我说》（3）　马匡霈（中国台湾）

图10-9　动画短片《我说啊，我说》（4）　马匡霈（中国台湾）

动画片《麦兜的故事》通篇讲了一只资质平平，眼上有胎记，"死蠢"却乐观善良的小猪的成长过程，被誉为一支"唱给中国香港草根阶层"的歌。整部影片最具特点的是场景设定弥漫着一种浓重的中国香港风情，从到处林立的高楼，窄小的生存环境，到肆意乱贴的城市广告营造出一个高生活节奏的城市空间。尤其在影片的开始，为观众详细地展示出旺角、尖沙咀的城市街景，虽然景色并不美好，却具有无比的真实性，不仅有易于观众了解故事发生的环境氛围，同时也会令本土观众对影片具有一种现实而亲切之感，如图10-10所示。影片中所提到的"幼稚园楼下的茶餐厅"，是中国香港文化的一个重要组成部分，代表了港人的一种生活习惯。片中演绎的中国香港山顶、长洲、南丫岛和离岛码头等地方，则以一种写实手段来将具有中国香港特色的不同地区展示出来。由于影片中用的都是中国香港真实的地名与街景，可以让中国香港本土的观众更易对角色产生认可，有利于对角色的情感进一步产生共鸣，如图10-11所示。

图10-10　动画片《麦兜的故事》（1）　袁建滔（中国香港）

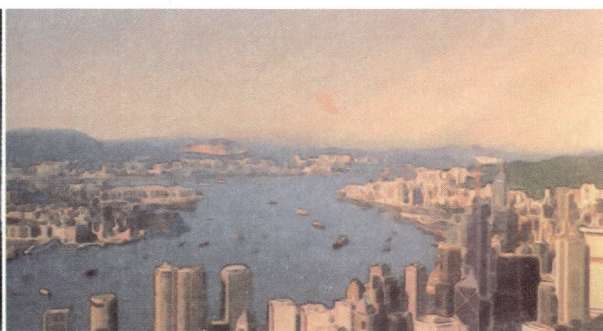

图10-11　动画片《麦兜的故事》（2）　袁建滔（中国香港）

10.3　美国二维动画美术前期设定作品鉴赏

动画片《钟楼怪人》为故事型动画音乐剧，其具有哥特风格的场景具有极强的视觉冲击力。影片主要场景为巴黎圣母院的教堂，教堂本身外观宏伟，强调垂直度。动画片中的场景设定为写实风格，透视精准，讲究构图角度，尤其对教堂外部雕塑以及浮雕的刻画极其细致，使场景建筑渗透出一种肃穆威严、壮观雄伟的气势，如图10-12所示。

图10-12　动画片《钟楼怪人》（1）　迪斯尼（美国）

教堂内部的场景设定多了一丝神秘与安静，当吉卜赛姑娘躲避官兵走进教堂时，巨大的内部空间与角色比例形成强烈对比，画面构图平稳端正，此种构图将吉卜赛姑娘显得格外渺小与无助，更加凸显了角色此时的内心感觉，同时也不知不觉地引领了观众对影片女主角此时的境遇更多一分同情，如图10-13所示。当吉卜赛姑娘向上帝做祈祷时，场景移动到色彩斑斓的天窗前，暖色的阳光改变了之前的冷色调，使影片的氛围发生了转变。这一段场景设定的视觉效果美好而神圣，不止衬托出此时女主角向真主祈祷时对美好生活的向往，同时也表现出浓厚的宗教建筑的美学价值与教堂的神圣气氛，如图10-14所示。

图10-13　动画片《钟楼怪人》（2）　迪斯尼（美国）

影片视觉画面的色调与明暗对比的变化显示出影片内在的思想寓意，在影片开始卡西莫多母亲逃跑到教堂的台阶上时，场景的主要色调为冷酷的深蓝色，一方面是因为故事发生的时间在夜晚；另一方面也是为了剧情的需要，更好地烘托出反一号内心的残酷与冷漠，如图10-15所示。当吉卜赛姑娘称赞卡西莫的住所以及发现他做的玩偶时，由衷的称赞让卡西莫多的内心充满了阳光与温暖，这时场景的颜色均以暖色调为主，色彩倾向明亮而甜美，

图10-14　动画片《钟楼怪人》（3）　迪斯尼（美国）

如图10-16所示。当卡西莫多用歌声流露出对爱的渴望时，场景色彩被设计为干净的蓝色，画面视觉语言宁静和谐，同时也表达出一个与世隔绝的"怪物"内心的孤独，如图10-17所示。

图10-15　动画片《钟楼怪人》（4）　迪斯尼（美国）

图10-16　动画片《钟楼怪人》（5）　迪斯尼（美国）

图10-17　动画片《钟楼怪人》（6）　迪斯尼（美国）

　　围绕着影片主题"善与恶的较量"的另一面是顽固的费雷诺大人，最具代表性的对比画面即为费雷诺独自面向壁炉里的火光时，通过歌声所披露出他狰狞扭曲的内心的镜头。画面整体色调感觉倾向阴暗，此时壁炉的火光尤其显得明亮而刺眼，当他拿出吉卜赛姑娘的纱巾时，画面两侧的暗墙变换成两排无面的空洞的虚拟形象，火红的颜色象征了费雷诺内心强烈的欲望，左右两排矩阵式的造型将费雷诺包围其中，更好彰显了反一号被偏执与邪恶充斥的内心，如图10-18所示。此时强烈的红色火光与前一刻卡西莫多宁静的蓝色场景作出明显的对比，使故事主角的善恶对比相互衬托，显得"善"更加善良，"恶"突出的尤为邪恶。

图10-18　动画片《钟楼怪人》（7）　迪斯尼（美国）

10.4　日本二维动画美术前期设定作品鉴赏

　　动画短片《夜游》是近藤聪乃为歌曲《電車かもしれない》所创作的艺术短片。短片所呈现出的黑白影像带有强烈的创造力与日本民族风。与商业动画片不同，《夜游》无论从造型风格与画面效果的处理上，都最大化地追求一种表现性的叙述空间。《夜游》没有具体的叙事情节与矛盾冲突，影片所表达的并非是正常人思维的逻辑与现实反应，展现给观众的是一个虚幻如梦境的心理世界。

　　动画短片《夜游》最突出的特点在于场景风格的确立与布局。场景元素布局成重叠与等距排列，单个元素是画面构图的最小单位，是整幅画面一切形态的基础，作者选择同一元素进行构图设计，显示出井然有序的韵律视觉美感，居中的构图有着凝聚视线的效用，连续的女孩的多点构图创造出画面的生动感，而其作出不同的对称姿势，进而产生了画面节奏。图10-19为连续画面，从例子中可以感受到，相同的元素进行等距排列可以形成井然有序的美感，但是过多的重复使用则会显得单调呆板。而相同元素的不同大小的有序排列，则产生了丰富的变化，增添了画面的活跃感。图10-20为相同画面，不同的明度处理，显示出完全不同的层次感与空间感，同时，对画面的营造氛围、意境的表现和情感基调都有着强烈的影响。这是增强动画影片艺术感染力的一种独特方式。

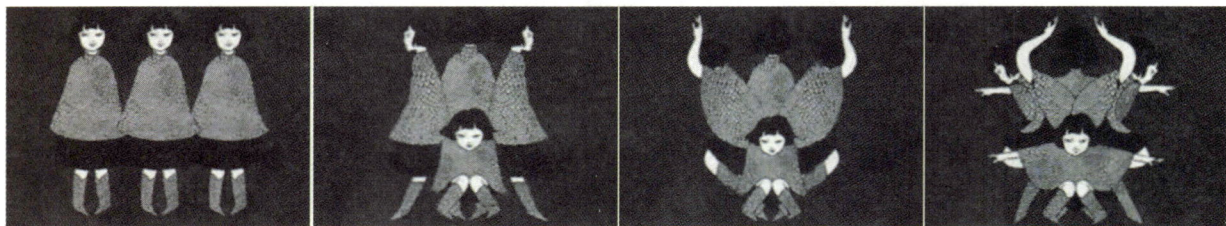

图10-19　动画短片《夜游》（1）　近藤聪乃（日本）

图10-20　动画短片《夜游》（2）　近藤聪乃（日本）

　　《夜游》短片布局中，不容忽视的是对于"线"的使用方式。这里所讲的"线"并非单指存在于表面的直观的线，同时也包括画面各元素之间的排列方式。垂直的线坚硬、呆板，有拉长形体的功效，对画面构图有着规范、稳定的作用。水平的线平稳、安定，使画面构图有横向扩张感。图10-21中，画面主体呈竖直状态，工整却古板，但是作者巧妙地将元素的姿势进行了处理，增添水平线的应用，为画面增添了变化与动感，使构图充满活力。

　　色调分配是构图的一种组成方式，《夜游》的色调有着明显的黑、白、灰的结构分界，全片均以这三种明度的元素进行组织与运用。图10-22非常注重黑、白、灰的和谐与均衡，不止注重了各个明度所占比重的大小，同时考虑到各个元素的比例关系，在保证整体关系和谐的前提下，充分表现出个体各自的特色与相互作用关系，为画面增添了节奏与韵律之美。《夜游》从影片整体布局来看，各个时间段的色调分配也有着明显的变化，如图10-23所示的这组截图，是影片不同时间点的画面色调布局。作者并非一味地追求某个色调为主体，而是将黑、白、灰交错运用，不仅进一步强化了影片的画面节奏，同时避免了观众的审美疲劳。

图10-21 动画短片《夜游》（3） 近藤聪乃（日本）

图10-22 动画短片《夜游》（4） 近藤聪乃（日本）

图10-23 动画短片《夜游》（5） 近藤聪乃（日本）

动画片《千与千寻》的背景设计介于现实与虚幻、人与神明的模糊边界。导演对于角色造型设定定位于形体的夸张与写实性表现的基础之上，保留了千寻与父母人类的写实性的造型，同时夸张地表现了神明的形态，使整个影片在视觉上形成奇幻的想象空间与真实可信的视觉环境。同时也很好地为真实世界与神明所处的虚幻世界所发生的冲突奠定了基础，如图10-24所示。

动画片《千与千寻》故事主要的发生地点是虚拟的，富有想象力的背景设计与高超的画面表现力为影片赋予了独特的视觉格调，不难看出，在这部影片的环境设计上充满了浓郁的日本古典气息，道具与场景的设定颇具怀旧感，如图10-25所示。场景设定主体倾向于传统的日式建筑，如日式拉门、木质地板、盛水的木盆、房梁的设计等。同时也融合了部分西方艺术特色，如"油屋"顶楼的华丽的桌布，欧式软椅，现代感的壁纸与台灯。日本的传统文化经过作者的构思与设定，具有了富有想象力的崭新的视觉形象，如图10-26所示。

图10-24 动画片《千与千寻》（1） 宫崎骏（日本）

图10-25　动画片《千与千寻》（2）　宫崎骏（日本）

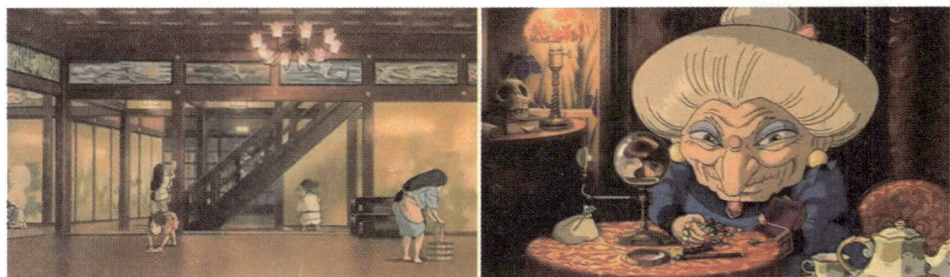

图10-26　动画片《千与千寻》（3）　宫崎骏（日本）

　　《千与千寻》的角色设定同样是影片的亮点之一，无面人作为全片的一条重要线索在其造型设定上颇具一种神秘感。无面人性格孤独空虚，被设计为戴着面具，若隐若现的一种半透明形体。乌黑的颜色在复杂场景的衬托下极易引起观众的注意，当其在吃了千寻给他的河神丸子的时候，它的体型已经无比巨大，细细的四肢与其巨大的身体极不协调，这也为后续的"呕吐"情节奠定了形体基础，如图10-27所示。贪财的侍者被设计成类似于青蛙的形态，这源于日本流传的一个贪财的神明的传说，据说它的长相就类似于青蛙。锅炉爷爷的造型颇像蜘蛛，下巴上留有浓密的胡须表明其年龄，细长且多的胳膊非常适合于他忙碌的工作，并不可爱的造型衬托出他对千寻无比慈爱的心，如图10-28所示。

图10-27　动画片《千与千寻》（4）　宫崎骏（日本）

图10-28　动画片《千与千寻》（5）　宫崎骏（日本）

汤婆婆的造型时髦而怪异，巨大的脑袋与威严的神情总会为画面带来一丝紧张与恐慌感，使观众不由得为千寻隐隐地感到担心，如图10-29所示。整体影片的角色设定不同程度上形成了高矮胖瘦的强弱对比，相辅相成，相互衬托，鲜明夸张的造型语言形成独特的视觉艺术效果，不同角色以其鲜明的特征呈现在观众面前。

图10-29　动画片《千与千寻》（6）　宫崎骏（日本）

10.5　欧洲二维动画美术前期设定作品鉴赏

动画片《疯狂约会美丽都》在整体风格上，彰显出一种默片时代朴素的视觉氛围。线条的处理硬朗且黑白分明，与整个影片寂寞的基调非常吻合。整部影片的色调沉稳，细节丰富，充满了强烈的绘画效果。影片的色彩对比并不突出，却产生了让人过目不忘的效果，细节的处理是使影片经得起推敲的关键。

动画作品前期的设定是对角色性格与背景的定位，同时也决定着影片完成后的艺术品位。根据故事脚本，设计者赋予角色的情感是直接与观众进行思想交流的主要媒介。《疯狂约会美丽都》人物角色较为显著的共性是面部表情线呈向下走势，这为影片确定了自然的压抑氛围，如图10-30所示。

老奶奶的角色造型非常朴实，矮小且平淡无奇，若真的有什么特别的地方，就是并不值得让人羡慕的长短脚。作者有意将老奶奶的角色外形"平庸"化，

图10-30　动画片《疯狂约会美丽都》（1）
Sylvain Chomet（法国/比利时/加拿大）

其实与影片所要表达的主旨是十分吻合的，正是这位带着一点缺陷的看似平庸的老奶奶，拥有着冷静、坚毅的性格，并最终营救出了身陷黑帮的外孙。角色表面与性格的反差是动画角色塑造的一种手段，目的是给观者带来更强烈的视觉冲突，以引起观众对于角色情感的共鸣。角色的外形有意"平庸"，但设计者却为老奶奶设计了一双乌黑的圆眼睛，这是角色的一个亮点，为其性格平添了一分睿智与可爱。

男孩的角色在这部影片中进行了夸张处理，极瘦的外形与局部发达的肌肉非常贴切地显示出其自行车运动员的身份。虽衣着年轻却没有朝气，设计者将年轻的运动员身份与其木讷老实的性格进行了很好的融合，让观众自然地感觉出他还是一个需要被人照顾的孩子，并不禁随着剧情的发展为其捏了一把汗。男孩的角色设计对影片悬念的制造有着不可小觑的功效。

黑帮手下的角色设计为影片增添了极大的趣味性与幽默味道。首先角色的造型与其身份的共性是十分吻合的，即呆板地执行命令，动作程序化模式化。近长方形的高大造型不单可以让人潜意识地感觉到其无思想与生命感，也可以给人以某种程度的震慑作用。造型的"简"与画面背景的"繁"进行了很好的平衡，服帖的分头造型不由得使观众忍俊不禁，活跃了影片压抑的氛围，如图10-31所示。

图10-31　动画片《疯狂约会美丽都》（2）　Sylvain Chomet（法国/比利时/加拿大）

仔细分析影片的背景不难发现，几乎每一幅画面完全统一在各自色调之下。这种处理方式十分有利于背景及影片基调的统一，同时对影片氛围的渲染有着积极的推动作用。但是这种处理方式却易引起视觉上的单调感觉，作者将背景的线稿进行了丰富的处理，构图饱满、细节充分，不但平衡了同色系颜色的大面积使用的不足，同时也统一了背景的整体基调，使其避免过于繁杂，如图10-32所示。

图10-32　动画片《疯狂约会美丽都》（3）　Sylvain Chomet（法国/比利时/加拿大）

场景的构图与光线的处理是影片的一大亮点，图10-33中，画面构图略微倾斜，使其呈现出微妙变化，避免了建筑物呆板的表现，使平淡的画面增添了一丝趣味性。图10-34中的弧形构图增添了画面的动感与视觉美感，采取了构图形式中常用的左下右上的延伸方式，画面的视觉冲击力随着火车运动到画面的中心点达到极致，同时也符合观众的视觉习惯。平衡构图增添了画面的安全感与庄重感，画面的主体被安排在画面的中心交叉点，构图大气平稳。此种构图虽平淡无奇，却是较难表现的一种构图方法，使用不当则易产生呆板等不利因素，如图10-35所示。

图10-33　动画片《疯狂约会美丽都》（4）
Sylvain Chomet（法国/比利时/加拿大）

图10-34　动画片《疯狂约会美丽都》（5）
Sylvain Chomet（法国/比利时/加拿大）

图10-35 动画片《疯狂约会美丽都》（6）
Sylvain Chomet（法国/比利时/加拿大）

光线的处理在影片中多数情况下起到视觉引导的作用，使观众在复杂的背景环境中，毫不费力地注意到画面的关键点，主体指向明确。不单丰富了画面效果，也为影片内容的出现位置起到了暗示作用。这种隐藏在动画前期设计里的细节处理，往往是不知不觉牵动观众视线的关键，如图10-36所示。

图10-36 动画片《疯狂约会美丽都》（7） Sylvain Chomet（法国/比利时/加拿大）

动画短片《破坏》主要讲述了一位男子在路边寻求帮助的故事，在等了很久的情况下，他终于将手中的绳子如愿以偿地拴到了一辆停下来帮助他的车上，在男子转身跳入井中以后，救助的车子缓缓开动，却在绳子之后拉出了一串顺风借力的车辆。故事主题有着极强的幽默感与象征意义，整个短片采用简单粗糙的硬笔表现手法，粗犷的画风与奔放的笔调使整个影片看起来随意自然，与众不同。角色造型非常夸张，极度突出的鼻子镶嵌在一张窄窄的脸上，却配以一个扁而宽的身子，极大地增强了角色的视觉趣味性，使其更加具有吸引力。由此可见，动画影片的简与繁并非为评价影片优劣的因素，新奇的创意与生动的角色更具欣赏价值，如图10-37所示。

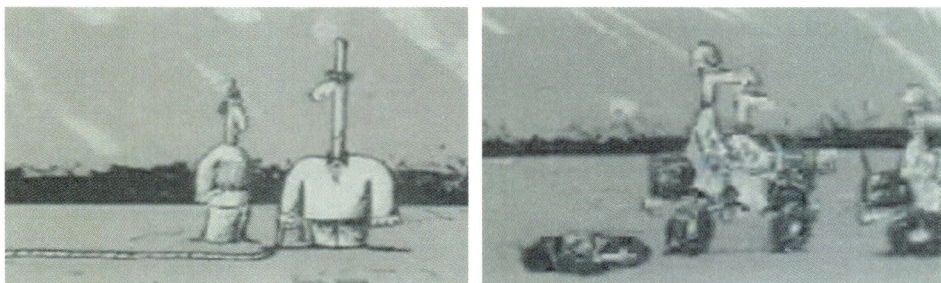

图10-37 动画短片《破坏》 克劳斯•格尔吉（德国）

10.6 加拿大二维动画美术前期设定作品鉴赏

动画短片《没有影子的人》主要讲述了一个人将影子以契约关系与恶魔交换后生活所发生的改变，以及他最终怎样找回了自我的故事，如图10-38所示。短片以一种看似平铺直叙的方式缓缓展开，而其角色设定与场景设定也较为简洁，但是短片拥有一大亮点，即其独特的视觉展示方法。整个短片镜头的组接几乎全部由绘制的场景的运动转面来完成，使观众感受到一种广阔的、不停运动的场景面貌。此种视觉展示方法实际上是利用二维手绘方式模拟三维摄像机在场景中的运动，进而达到令人震撼的、镜头感极强的视觉效果。短片并非单纯地通过移动背景来达到摄像机的走位效果，而是通过手绘"中间画"来完成镜头与将要运动到的镜头方位的组接，这样不仅使镜头结构关系明朗流畅，同时使整个短片的所有场景形成一种内在的联系，进而增强画面的整体感，形成通篇浑然一体的视觉感受，充分地体现出动画作品在空间转换上的可塑性。动画短片《没有影子

的人》摆脱了实景与实景空间上的常规联系与局限，充分利用了动画"虚拟"的优势，摆脱了摄影机拍摄的空间局限，为我们创造了一个新奇的拍摄手法与想象空间，不仅满足了观众的视觉享受，同时为后辈的动画创作提供了宝贵的经验，如图10-39所示。

图10-38　动画短片《没有影子的人》（1）　　Georges Schwizgebel（加拿大/瑞士）

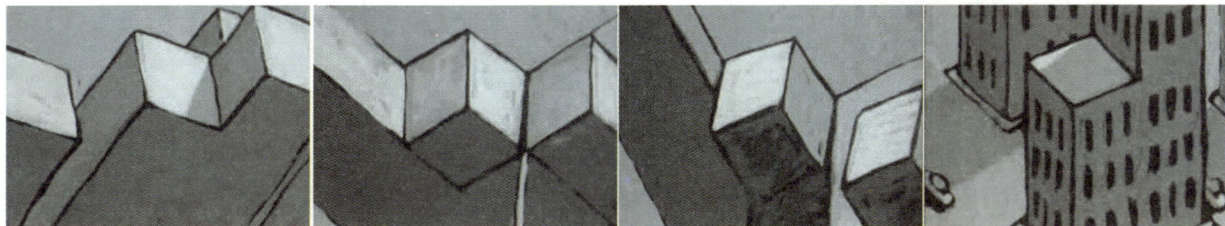

图10-39　动画短片《没有影子的人》（2）　　Georges Schwizgebel（加拿大/瑞士）

　　动画短片《摇椅》讲述了一把椅子所见证的人生之旅的温馨故事。影片无论从造型还是从画面的效果处理，都最大限度地追求一种轻松的绘画效果。影片的色彩基调清新淡雅，造型拙朴，笔触细腻，这些元素表现出一种绘画风格短片所特有的味道。线条带有断断续续的效果，随意的笔触更易带给观众一种亲切感，非常符合影片所要表述的主题。动画影片的传达方式即为视听感受，影片要展示给观众的内涵一定是依附于影片的艺术风格的定位，《摇椅》用淡淡的色调以及若有若无的场景与角色的边线处理，营造了一种类似于水墨效果的意境美，角色的面部以及身体特征被有意弱化，与背景的风格达到了和谐统一，同时也带给观众一种类似于回忆般的朦胧的梦境美，如图10-40所示。

图10-40　动画短片《摇椅》　　Frederic Back（加拿大）

《On the Land, at Sea and in the Air》是加拿大动画大师保罗·德里森的代表性作品之一。用"单线"来表现动画影片，也是一种独特的艺术手段。影片角色设定简洁夸张，趣味性强，为本来就很轻松幽默的剧情平添了一丝滑稽。画面将直线、曲线、折线与弧线进行了很好的分配与平衡，赋予了其不同的意义和作用，构成多画面与画中画的独特艺术形式。由此可见，根据影片内容，在创作前期为其设定出最佳的艺术风格，可以在成片后收到事半功倍的效果，而思想与创意往往构成了影片取胜的关键，如图10-41所示。

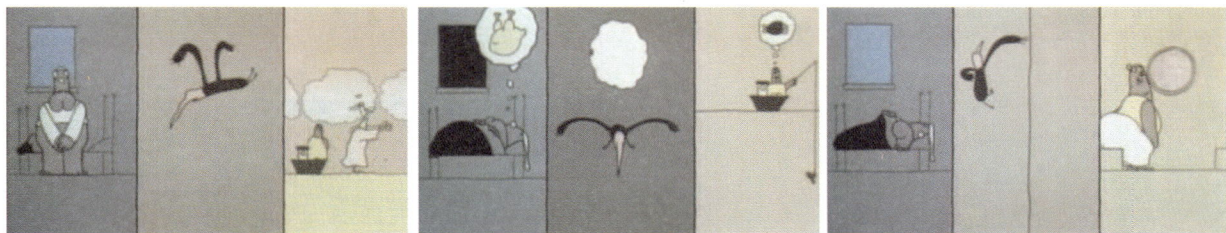

图10-41 动画短片《On the Land, at Sea and in the Air》 保罗·德里森（加拿大）

10.7 法国二维动画美术前期设定作品鉴赏

动画片《青蛙的预言》经由6年时间手绘而成。动画风格简约高雅，画工细腻，色彩明快和谐，显现出非常浓重的纸笔作画的亲切感。这部充满童趣的动画影视作品被誉为动画导演Jacques-Remy Girerd最受欢迎的代表作。

一部优秀的动画作品无疑是内容与形式的完美结合。形式不仅可以创造出一个故事发展环境的载体，同时在表象上也可以引导观众更加充分地理解导演进行艺术创作的思想取向。《青蛙的预言》的主导思想是对于自然的解读和关于"爱"与生存态度的看法。影片主旨充满了乐观与积极向上的态度，前期美术风格选择了充满童趣的格调。造型上更贴近于孩童的信笔涂鸦，简单的造型与看似稚拙的笔触是角色造型的一大特点，此种造型方式不仅充满了视觉趣味，同时能够给予角色符合影片纯真风格的设计感。反一号"海龟"的造型并非将其设计为面目可憎的状态，而是赋予其一副极其善良可爱的面孔，角色性格充满了对人类的仇恨，却并没有在外表显现，更符合了社会生活中特定的一种现象，揭露谜底的那一刻不仅使人大吃一惊，还很好地渗透出某种教育意义，如图10-42所示。

图10-42 动画片《青蛙的预言》（1） Jacques-Remy Girerd（法国）

近似于蜡笔的上色方式是本片的另一特点，粗细不一的笔触描绘的画面效果带有一种颗粒感与艺术表现力，极大地丰富了造型简洁的画面，其所塑造出的颜色与明暗关系带有一种特殊的稚拙美感，这与角色造型的定位相互呼应，使整个影片的艺术效果和谐统一。

《青蛙的预言》对于颜色的处理单纯而明快。一般来讲，心灵善良的儿童对于色彩的喜爱偏向于简单且鲜明的感觉，而影片主旨正是希望表达出自然与人类的爱与和谐，故整部影片的画面颜色处理传递出一种纯洁与和谐的情感状态，色彩相互间的搭配自然。尤其洪水落下以后的场景，使用了大面积的暖色调，这使画面充满了明快而甜蜜的味道，使观众潜意识中感觉到轻松与美好，如图10-43所示。

图10-43　动画片《青蛙的预言》（2）　Jacques-Remy Girerd（法国）

10.8　国内著名动画院校学生二维动画美术前期设定作品鉴赏

动画短片《面》塑造了多种为了满足欲望而最终迷失与毁灭了自我的各种角色，以抽象和夸张的表现方式，从负面的角度为观众展示了人类的"多面性"与"善变性"。短片美术设计特点极强，强调一种大气的手绘感。背景设定参照了中国香港九龙、日本新宿以及唐人街的文化元素，画面充斥着高楼、杂乱的电线、繁杂的广告牌、多种方向的夸张的巨大交通灯，繁华的红色霓虹灯笼罩着狭窄街道的深处，却显露出"势"的字样，不禁给人以一种衰败之感，如图10-44所示。画面色彩浓烈，黑色与灰色调为主要绘制颜色，红色大多用于灯光与场景氛围的渲染。

图10-44　动画短片《面》（1）　雷磊　柴觅（中国）

角色设定参照了戏剧的脸谱特点，同时融入很多现代元素，载体为观众司空见惯的魔方，这些因素使其具有新奇而易懂的角色理念。在角色的服饰设定上，不难看出是现实生活中上班族的生活服饰，这使观众更易联想到社会中的某些群体，如图10-45所示。在叙事过程中，《面》采取了多种场景视角，多样的场景设定为短片拓宽了视觉策略与镜头感。作者将贪婪者蚕食"欲望"到极度的场景设定在一座金灿灿的山上，仰视角度的场景设定给人以极强的视觉冲击力，将气氛与剧情推向了高潮，如图10-46所示。

动画短片《米拉子子》为藏语音译，短片根据藏族的民间传说改编，讲述了在一个名叫米拉子子的女孩眼中会带走灵魂的精灵的故事。动画的背景、角色与色彩的设定，均借鉴了藏族传统美学特征，同时融入了作者大胆的幻想，进而创造出一种奇妙的又带有点滴民族

图10-45 动画短片《面》（2） 雷磊 柴觅（中国）

图10-46 动画短片《面》（3） 雷磊 柴觅（中国）

气息的美学画面效果，如图10-47所示。米拉子子的肤色为白色，眼睛弯而细长，这两种元素的组合带给人一种诡异而玄幻的感觉，红色的圆脸蛋在白色皮肤的映衬下颇具设计感，角色头上的帽子是角色设定中较为繁复之处，不止造型设定为鱼的形象，并且上面布满了闪光的鱼鳞，使其视觉效果具有一种瑰丽与神秘之感。女孩的造型较米拉子子更接近于现实，眼睛大而显得孩童内心单纯，其面部的红脸蛋被设计得较为明显，一方面与米拉子子进行了区分，另一方面更接近于现实中女孩的可爱形象，如图10-48所示。

图10-47 动画短片《米拉子子》（1） 沈宏（中国）

短片的背景设定夸张而传神，吸收了藏画与中国传统绘画的部分特点，采用了大量的中心式构图，较多地运用了非现实的意象型的图案，包括日月与云彩都做了艺术化处理。作者在颜色的处理上十分大胆，用色鲜明、丰富且富有层次，极好地渲染出虚幻的想象空间，且使短片具有一种独特的装饰趣味与形式美感，这种非现实的表意创作形式与其带有神话色彩的主题极其吻合，如图10-49所示。

图10-48　动画短片《米拉子子》（2）　沈宏（中国）

图10-49　动画短片《米拉子子》（3）　沈宏（中国）

本章小结

　　本章主要对各国和地区优秀的动画影片进行了多角度的分析与讲解，列举了具有不同设定风格与艺术处理手法的优秀二维动画影片。通过本章的学习，不仅可以进一步对影片的前期设定的意义进行更深层次的解读，同时可以拓宽读者的视野，培养其独特的审美意识，为日后的艺术创作奠定基础。

训练和课后研讨题

（一）训练题

1. 针对自己喜欢的一部动画影片进行分析与鉴赏。
2. 找出最喜爱的角色设定与场景设定，总结其优缺点。
3. 分析颜色运用对画面视觉效果的影响，并对同一组画面的进行多次颜色设定。
4. 针对同一幅前期美术设定案例，尝试多种不同的表现方式，并对实验结果进行分析与总结。

（二）课后研讨题

1. 分析造型形式与影片主题内容怎样进行融合。
2. 思考主题与美术前期设定的多种搭配形式。